HOMEM NATUREZA CRENÇA

CIP — BRASIL. CATALOGAÇÃO NA PUBLICAÇÃO
SINDICATO NACIONAL DOS EDITORES DE LIVROS, RJ

C176h

Camargo, Maria Thereza Lemos de Arruda

Homem natureza crença / Maria Thereza Lemos de Arruda. — 1. ed. — São Paulo : Ícone, 2018.

176 p. : il. ; 28 cm.

Inclui bibliografia e índice

ISBN 978-85-274-1309-1

1. Botânica — Brasil — Catálogos. 2. Plantas — Brasil — Catálogos. I. Título.

18-47227 CDD: 581.981
CDU: 582(81)

17/01/2018 18/01/2018

Maria Thereza Lemos de Arruda Camargo

HOMEM NATUREZA CRENÇA

Etnofarmacobotânica

Caatinga

Padre Cícero

Geopark Araripe — Ceará

Organização das Nações Unidas para a Educação,
Araripe Geoparque Mundial da

Ícone editora

Capa
Carlos Avelino de Arruda Camargo

Diagramação
Regina Paula Tiezzi

Revisão
Juliana Biggi

ÍCONE EDITORA LTDA.
Rua Javaés, 589 – Bom Retiro
CEP: 01130-010 – São Paulo/SP
Fone/Fax.: (11) 3392-7771
www.iconeeditora.com.br
iconevendas@iconeeditora.com.br

Caatinga

O sertão "é espaço de privação, de sobrevivência e superação quando representado sob a ótica das exigências de seu clima quente e seco, sujeito a longos períodos de estiagem e à sazonalidade de seus rios, por suas caatingas dotadas de fauna e flora únicas no mundo e solos não menos característicos, pela distância do litoral e dos grandes centros economicamente mais desenvolvidos, pela vida simples, dura e austera e pela adaptabilidade que toda essa série de elementos impinge ao sertanejo, qualificando-o, em certa medida como um ser humano forte e valoroso, honesto e honrado, intimamente ligado a terra e aos elementos do ambiente natural em que vive. O sertanejo seria da mesma natureza do juazeiro, única árvore a resistir às Prolonga das estiagens, com seus predicados primaciais de resistência, sobriedade, desinteresse e franqueza".[(1)]

(1) Texto retirado de Sertão praticado, sertão representado: a caatinga como espaço de fartura ou privação, de ficar ou de passar, de Robson William Potier, Professor da Universidade Federal do Rio Grande do Norte (*Vide* bibliografia).

In memoriam
Tito, meu saudoso esposo.

Dedico este livro aos meus quatro filhos e nora
Aristides
Mário
Carlos Avelino
João Paulo e Diana.

O reconhecimento pela valiosa colaboração da geógrafa Maria Araújo Ferrer, do Instituto Chico Mendes, conhecedora dos caminhos que cruzam o Geopark Araripe, nos guiando pelos sítios de interesse da pesquisa e nos instruindo com seus conhecimentos sobre as áreas percorridas. Estendemos os agradecimentos a Aristides de Arruda Camargo Neto, arquivista especializado em patrimônio cultural, colaborador do Departamento de Histórico da Cúria Diocesana do Crato, o qual disponibilizou seu acervo particular de documentos sobre a região por nós pesquisada, do qual nos servimos para a elaboração deste livro.

A ambos os sinceros agradecimentos pela valiosa colaboração, sem a qual não teria sido possível a realização do estudo etnofarmacobotânico ora apresentado.

Prefácio

A pedido da cientista Maria Thereza Lemos de Arruda Camargo, radicada em São Paulo, eis-me aqui tentando prefaciar o seu livro: *Homem-Natureza-Crença,* exatamente sobre as riquezas naturais da nossa Chapada do Araripe e caatingas adjacentes.

É um estudo fecundo, profundo, meticuloso e detalhista como jamais vi anteriormente, de tal forma que eu, modesto médico sertanejo, sinto-me quase impotente para a tarefa hercúlea que me caiu sobre os ombros.

Fazer o quê? Sim, fazer o quê? Apelarei para uma técnica que poderá tirar-me deste fosso: a memória prodigiosa do menino observador e curioso que "nasceu os dentes" sobre um cavalo, campeando gado no platô da Chapada do Araripe, mãe do oásis Cariri, cobra verde que, coleando aqui e acolá, separa o Ceará de Pernambuco e em seguida do Piauí, indo do Pontal do São Felipe, em Brejo Santo, Ceará, em um estirão de 180 km até Simões, no Piauí, guardando uma largura variável de 24 km a 12 km.

É uma densa mata paulatinamente dizimada pelo machado do homem, apesar da vigilância do Instituto Chico Mendes.

A Fauna típica da Chapada já está visivelmente devastada e a Flora está relativamente preservada na Área de Proteção Ambiental — Flona, que foi o 1º Parque Nacional. O mais é pasto para gado e plantio de mandioca. Devo dizer que, nas grandes secas, cerca de 8 mil reses dos sertões escaparam de morrer de fome soltas no platô da Chapada, vigiadas pelos vaqueiros de cada fazenda.

O Platô Araripano é um arenito que, em certos pontos, chega a ter 970 metros de altitude. Captando toda a água das chuvas, alimenta cerca de 310 fontes de águas límpidas, potáveis e até minerais, chegando a um volume total de águas que equivale a 2 vezes o volume de água da Baia da Guanabara! E tudo isso escapa pelas fendas

das pedras, produzindo as fontes que sustentam plantações, balneários, clubes sociais e matando a sede das nossas populações. Uma riqueza! Uma beleza! E tudo isso sai por gravidade, sem gasto de energia.

E é bom frisar que os Cariris Novos do Ceará diferem totalmente dos Cariris da Paraíba, que inspiraram aquela canção que diz: "Só deixo meu Cariri no último pau de arara".

E outra riqueza inimaginável é a gipsita das jazidas de Araripina, Ipubi, Bobocó e adjacências, que são responsáveis por 87% do giz nacional!!! Incrível, mas ninguém diz nada disto!

Todo xarope antitussígeno tem na sua composição essência de alcaçuz que prolifera abundantemente dos talhados da Chapada, sem sequer esquecer da Faveira, que é utilizada como anti-hemorrágico; da Sucupirra ou Cicupira, usada como matéria-prima de cosméticos; do leite da Janaguba exportado pela Fundação Padre Ibiapina como anti-inflamatório e até como anticancerígeno, segundo outros.

E o entorno da Capada já deu figuras nacionais em todos os campos da atividade humana:

- Luís Gonzaga, o Rei do Baião, o pernambucano do século.
- Padre Cícero Romão Batista, o cearense do século.
- José Rangel, o responsável pelo Monumento aos 18 do Forte de Copacabana, do Rio de Janeiro, e muitos outros mais.
- José Menezes ou Zé do Cavaquinho, o maior instrumentista do Brasil, que tocava todos os instrumentos de corda e de sopro.
- Patativa do Assaré, maior poeta da Língua Portuguesa, do Brasil e tantos outros.
- Bárbara de Alencar, a heroína Republicana do Brasil, que deixou a cozinha e a cama pela praça pública, proclamando a República do Equador no Crato, 80 anos antes de Deodoro fazê-lo.
- Era 1917 e 1924: José de Alencar, de *Iracema* que foi gestacionado no Cariri, mas nasceu em Messejana, por ser filho de padre, para evitar a bisbilhotice do interior.
- Cego Aderaldo, o único violeiro que ocupou pela 1ª vez o Teatro Nacional do Rio de Janeiro causando admiração pela riqueza de seu repente.

A Chapada tem seu encantamento!

E a caatinga adjacente é forja de homens fortes que dizem: "Miséria pouca é tiquinho e desgraça só se pesa de arroba para cima".

Parafraseando Euclides da Cunha, repetirei o que ele disse:

> "O SERTANEJO É ANTES DE TUDO UM FORTE". E é mesmo. Mas minha visão, antes de ser forte, é também um crente! Um incorrigível místico! E é por isto que nas Romarias de novembro último compareceram 500 mil romeiros de todo o Nordeste! Juazeiro ficou quase inviável.

Quase 3 milhões de romeiros estão vindo para Juazeiro anualmente, e quanto mais o tempo passa, distanciando-se da vida do Padre Cícero, mais as Romarias crescem. E já estão aparecendo romeiros jovens, de celular nas mãos, e até tatuados! É um fenômeno inexplicável a um juízo superficial. E enquanto isso, Juazeiro cresce e o seu crescimento está acima da média nacional. É estatística. Até a Universidade Federal do Ceará já é Universidade Federal do Cariri com sede em Juazeiro.

Em face de tudo isto, ocorreu-me repetir o biólogo e jornalista juazeirense, Prof. Antônio Renato Soares Casimiro: "JUAZEIRO É UM MUNDO": Quatro Simpósios Internacionais sobre o legado Padre Cícero já foram realizados e tudo ficou na superfície do problema.

Efetivamente, Juazeiro, maior laboratório de Parapsicologia a céu aberto do Brasil, permanece indevassável. Que o diga a grande parapsicóloga do Brasil, Professora Maria do Carmo Forte.

Barbalha, 11 de novembro de 2014.

Napoleão Tavares Neves
Médico-historiador da Academia Cearense de Medicina.

Agradecimentos

Meus mais sinceros agradecimentos à Reitoria da Universidade Regional do Cariri (Urca), representada, respectivamente, pelo Coordenador Executivo e Coordenador de Desenvolvimento Territorial do Geopark Araripe, os Senhores Francisco Idalécio de Freitas e José de Lacerda, pela autorização de uso de direito intelectual e de imagem, de forma a ser possível a divulgação das imagens apresentadas no presente livro.

Agradeço ao Dr. Francisco William Brito Bezerra, Chefe da Floresta Nacional do Araripe (Flona), no Crato (CE), do Instituto Chico Mendes de Conservação da Biodiversidade (ICMBio) pela atenção dispensada, recebendo-me em seu gabinete a fim de orientar-me sobre questões que envolvem direitos de imagem de Áreas de Preservação ambiental.

Meus mais sinceros agradecimentos ao Pe. Francisco Roserlândio de Sousa, Diretor do Departamento Histórico da Cúria Diocesana do Crato (CE), pelo apoio e suporte dado com relação aos documentos do arquivo, importantes para a elaboração deste livro.

Ao Dr. Napoleão Tavares Neves, destacado intelectual, médico e historiador, membro da Academia Cearense de Medicina e autor de importante obra literária versada na cultura do povo cearense, meu enorme agradecimento pelo privilégio de o tê-lo prefaciando este meu livro.

Agradeço ao amigo Prof. Dr. Antônio Chessman Alencar, filósofo e historiador da Secretaria Municipal de Educação de Juazeiro do Norte (CE) — Departamento Pedagógico Fundamental II, às atenções a mim dispensadas durante a feitura deste livro, solucionando dúvidas e indicando bibliografia, assim como sou grata por ter atendido ao meu convite, a fim de fazer a Apresentação deste livro.

Meu mais profundo agradecimento à Profa. Dra. Maria Arlene Pessoa da Silva, curadora do Herbário Caririense Dárdano de Andrade-Lima, da Universidade Regional do Cariri (Urca), da cidade do Crato (CE) e sua equipe pela valiosa colaboração na atualização das identificações botânicas das espécies medicinais relacionadas no presente livro.

Externamos nosso mais profundo agradecimento à geógrafa, analista ambiental Maria Araujo Ferrer do Instituto Chico Mendes — Flona Araripe Apodi a qual, desde o início de nossas pesquisas de campo, vem nos acompanhando pelos caminhos que cruzam o Geopark Araripe, principalmente pela oportunidade de nos colocar em contato com as benzedeiras da região.

À Revista Nures PUC/SP, n. 26, 2014, representada por suas diretoras Profa. Dra. Leila Marrach Basto de Albuquerque e Prof. Dra. Eliane Hojau Gouveia, pela homenagem a mim prestada, a partir do meu trabalho de aproximação com as Ciências Sociais.

Meu muito obrigado ao amigo de tantos anos, Dr. Paulo Medeiros Gastão, médico e escritor de Mossoró (RN), notabilizado como um dos mais importantes pesquisadores envolvidos com a história do cangaço no Nordeste, por ter dedicado a mim seu último livro *Sangue Corre nas Terras de Serrinha do Catimbau*, e, ainda, a quem devo a oportunidade de incluir em minha biblioteca obras reeditadas de antigos botânicos que andaram pelo Ceará desde o século XIX, das quais extraí importantes informações sobre as plantas medicinais tratadas neste livro.

Meu sincero agradecimento pelas atenções recebidas de Manoel Severo, o arquiteto idealizador da Sociedade Brasileira de Estudos do Cangaço, pelo convite para integrar o grupo de escritores, pesquisadores, historiadores de diferentes Estados da União sobre essa temática. Graças a Severo, em 2013, tive a rara oportunidade de percorrer por mais de mil quilômetros, nos detendo aqui e acolá, nas localidades onde ocorreram importantes episódios protagonizados por Lampião e seu bando. Em cada parada, ouvíamos as narrativas de um estudioso sobre os episódios ali ocorridos. Ora nas sedes das antigas fazendas, ora em plena caatinga, pisando aquele solo pedregoso, sob o sol ardente, onde, ali, algum evento ocorrera. Coincidentemente, as áreas percorridas eram as mesmas através das quais, desde o final dos anos 90, venho percorrendo em busca de subsídio para o livro que acabo de escrever. Sem dúvida, oportunidade rara para conhecer mais e mais sobre a história daquele pedaço do Ceará, a partir das narrativas de estudiosos sobre Lampião e seu bando em suas inúmeras contendas, tendo Padre Cícero em meio a toda essa história com sua política pacificadora.

Ao meu filho Mário, incansável companheiro, ao lado do irmão Aristides, residente no Crato, portando, ambos, máquinas fotográficas para documentarem tudo que julgávamos importante para o presente livro, meu desmesurado agradecimento.

A Carlos Avelino, o filho sempre presente na elaboração das capas de meus últimos livros, meu muito obrigada por mais esta empreitada, porém, nada fácil no momento de dar título ao mesmo, quando eram muitos os enunciados que julgava importantes constarem da capa. Consultando-o, numa fração de minuto e com poucas palavras, resolveu título que aí está.

Reitero meu agradecimento à minha secretária Ana Lúcia Lima Araújo, pelo desempenho absoluto de todas as atividades do cotidiano de minha vida particular, de forma a permitir que eu desse por concluída a organização do vasto material, o qual vinha juntando e almejando, um dia, transformá-lo em livro.

APRESENTAÇÃO

O livro *Homem/Natureza/Crença*, de uma maneira fenomênica, me proporcionou uma doce volta ao passado da macaúba que acabara de cair ou o sabor indescritível do buriti e dos eternos balanços no jatobá, contemplando o pôr de sol e numa imagem ímpar os mandacarus como eternos vigilantes nos garantia a presença da Vida. Porém existem coisas de um valor sem igual que nesse livro, Maria Thereza nos doa, sendo assim... Se abre as porteiras do mundo da vida para tantos, os desconhecidos, os pluralizo, pois parto do seguinte pressuposto que dentre a diversidade da flora da caatinga, no campo branco, onde ao longe uma fina névoa, lembrando uma tundra, mais parecida como uma fumaça cinza se apresenta como um todo, mas cada é um ser único, que como viu Fernando Pessoa, quando disse a cor vermelha é que há na rosa, como também o perfume, mostrando-nos a individualidade do "SER", lendo o magnífico livro de Maria Thereza, porque só Maria Thereza? Os franceses adoram isso, serem apresentados pelos nomes. O maior título, Essa gigante cientista, mulher, que aqui se fez caatinga, habitou e desvendou diversos dos nossos segredos, digo nossos, pois somos natureza homem crença, que quando olhamos para um angico, esse nome ecoa em nossa memória e nos fala bem mais coisas que a gente possa imaginar, da sua beleza, da sua ajuda como remédio, você, quanta história esconde? " Eu quase que nada não sei. Mas desconfio de muita coisa". Assim como proferiu a frase anterior João Guimarães Rosa. Como caboclo do mato percebo a Tríade Homem/Natureza/Crença, a sensibilidade existente nele, uníssonos, mostra homens ligados à religiosidade e a natureza, além de tudo que nos proporciona que em cada casca, em cada flor, em cada fruto, em folhas de cores magníficas, como o grande mestre de Estagira conseguiu perceber a alma das plantas, porém mediante o livro *Homem-Natureza-Crença* que se aparece no horizonte como um olho benévolo que pode ver algo que mais interessante possa ser, sem nenhuma inveja, como assim exalta Nietzsche o sol a obra de Maria Thereza desnuda-se, assim evitando uma apresentação mais voltada a o somente. À sombra do pé-de-juá, refresco a alma com um gole na cabaça, Juá de Juazeiro de quantas histórias, do Padre Cícero e seu conhecimento como fitoterápico. Todavia percebo uma fina garoa que a Santa Mãe Natura retira das suas sugadas tetas, gotas para saciar do mais ralo ramo ao tão frondoso Pau d'arco, que dividindo esse nosso solo rachado de cada dia, demonstra-nos, como é forte a caatinga, que quando algum desconhecido observa o pau d'arco que liberou todas suas folhas, o observador mal informado, pensará que a árvore possa está morrendo, aí nos damos uma reposta como uma rajada de flores amarelas, brancas, lilás. Com um misticismo revela-nos que "o sertão é sozinho" falou Guimarães Rosa, sozinho, pois é imprescindível e único, amar, conhecer diante da solidão que ilusoriamente nos apresenta únicos, autênticos, se mostra ao alcançar das nossas mãos, com essa tríade HOMEM/NATUREZA/CRENÇA, que como neblina no final de tarde, quando vinda do nascente. Prenunciando mais um dia de chuva no campo branco, o enlace Homem/Natureza/Crença, que em olhar o juazeiro sempre verde, encontra forças para um novo amanhecer. Ao debulhar do rosário ao dedilhar da espingarda, respingar e por esse solo é aproveitado. Senhores, saúde.

Prof. Antônio Chessman Alencar Ribeiro
Filósofo e historiador

Sumário

Prefácio 13

Agradecimentos 17

Apresentação 21

Introdução 27

Parte 1 — A Cartografia do Ceará em Tempos da Ocupação de suas Terras no Século XVIII 43

1.1. Geopark Araripe por ele mesmo 44

1.2. As plantas medicinais e os remédios populares nas áreas urbanas e rurais que compõem o Geopark Araripe 48

Parte 2 — As Plantas Medicinais em meio à Caatinga, em uma Abordagem Etnofarmacobotânica 53

2.1. A planta medicinal em sua contemporaneidade 54

2.2. Planta/Natureza numa batalha de sobrevivência em meio à Caatinga 55

2.3. As plantas medicinais das Caatingas e as conquistas científicas 56

2.3.1. Novas conquistas apoiadas em dádivas da natureza 57

2.3.1.1. Princípio ativo 58

PARTE 3— O SAGRADO NA EXPERIÊNCIA RELIGIOSA DO POVO DA CAATINGA DO GEOPARK ARARIPE 61

3.1. Padre Ibiapina 61

3.1.1. A obra de Ibiapina 63

3.1.2. Beatos do Padre Ibiapina 64

3.1.3. Beatos cangaceiros 66

3.1.3.1. Beato da Cruz 68

3.1.3.2. Beato Vicente 69

3.1.3.3. Beato Ricardo 71

3.1.4. Penitentes 73

3.1.5. Milagres do Padre Ibiapina 75

PARTE 4 — PADRE CÍCERO 79

4.1. A personalidade de Padre Cícero segundo pesquisadores 80

4.2. O perfil político de Padre Cícero 82

4.2.1. Padre Cícero segundo o botânico alemão Philipp von Luetzelburg [1910] 84

4.3. Padre Cícero e as romarias 86

4.3.1. Romaria ao Caldeirão em domínios de Padre Cícero 86

4.3.1.1. Quem foi Beato José Lourenço 88

PARTE 5 — HOMEM/NATUREZA/CRENÇA 91

5.1. O sertanejo e sua religiosidade enquanto partícipe dessa tríplice aliança na batalha pela sobrevivência 91

5.2. A crença articulada como elemento fé no perfil religioso do homem do sertão 93

5.2.1. A compreensão da realidade vivenciada pelo romeiro 95

PARTE 6— ESPÉCIES ARBÓREAS MEDICINAIS NA CAATINGA DO GEOPARK ARARIPE 97

6.1. Jurema 99

6.2. Umbuzeiro 102
6.3. Juazeiro 105
6.4. Quixabeira 106
6.5. Catingueira 107
6.6. Angico 108
6.7. Barriguda 109
6.8. Mulungu 110
6.9. Pau-ferro 111
6.10. Mororó 113
6.11. Pereiro 114
6.12. Pau-d'arco 116
6.13. Imburana 118
6.14. Cumaru 119
6.15. Faveira 121
6.16. Aroeira 122
6.17. Murici 123
6.18. Pau-branco 124
6.19. Jurema-branca 126
6.20. Canafístola 127
6.21. Jatobá 128
Abreviaturas 130
Obras raras de referências nas edições originais 130

Referências Bibliográficas 133

Índice Sistemático 153

Ilustrações do Livro 161

INTRODUÇÃO

A caatinga que eu vi pela primeira vez, nos anos 90, impressionou-me e, ainda mais, depois de inteirar-me do que ela significa para o sertanejo daquelas paragens.

Retornando anualmente àquele chão, região do **Geopark Araripe** (CE), devagar fui buscando conhecê-lo. Consultando trabalhos acadêmicos e outros mais, além de conversar aqui e acolá com moradores da região e profissionais na área de preservação, a cada vez que retornava a ela, vendo-a com olhos de lince, ia percebendo as belezas escondidas naquela mata ora cinzenta, ora exuberantemente verde.

Tudo ali me perturbava emocionalmente ao me sentir parte da história evolutiva daquele chão que, em eras que se perdem no tempo, caminharam pterossauros, dinossauros, figuras assustadoras pelo seu porte gigantesco, seres só vistos, hoje, em museus que guardam seus restos, aqueles achados ali mesmo, por onde eu caminhava.

José Alves de Siqueira Filho (2012), na majestosa obra por ele organizada — *Flora das Caatingas do Rio São Francisco* — assim diz:

> Para conhecer as Caatingas é necessário percorrê-las com suas próprias pernas, maturar ideias sobre seu real significado, uso e importância. Em poucas horas de caminhada sob um sol escaldante com *experts* da área oriundos de outras partes do Brasil e do mundo, sabemos do real interesse em aprender, refletir e apropriar-se de conhecimento sobre a caatinga, A maioria desiste.

Porém, não foi o que ocorreu com esta "turista aprendiz"[2], ávida por saber mais e mais sobre o que aquele bioma tão somente brasileiro tinha a me contar, e minhas

(2) Título de um livro de Mário de Andrade, resultado de uma viagem que fez à Amazônia (Vide bibliografia).

buscas neste sentido nunca mais pararam. A Etnofarmacobotânica, então, entra em cena, a fim de me levar a um trabalho etnográfico com ênfase nas plantas medicinais, daquele universo mágico, onde homem/natureza/crença, se abraçando, formam um só corpo. Embora não obedecendo aos parâmetros metodológicos acadêmicos, sobre os quais por dezenas de anos trilhei, busquei saber como se dá essa relação mútua naquele canto do mundo, elaborando estratégias de resistência.

Lá estão os vegetais nas caatingas, em sua extraordinária capacidade de adaptação ao meio ambiente, desenvolvendo estratégias com a função de estabelecer condições para a continuidade das espécies dentro do ecossistema. Estratégias que as protegem das radiações solares e, sobretudo, de predadores, enquanto descasam sob o sol ardente dos tempos secos, até a chegada das novas chuvas. Vão, assim, desenvolvendo, para esta função, recursos mecânicos de defesa, a exemplo dos espinhos e acúleos, assim como viscosidade nas lâminas expandidas das folhas, enquanto, paralelamente, vai o homem procurando, da mesma forma, ajustar-se àquele mesmo meio ambiente, sazonalmente, ora hostil, ora generoso. Quando prenúncios de chuva apontam no horizonte e logo começa a cair, é quando novas estratégias são arquitetadas pela mãe natureza. O verde retorna e o desabrochar das multicoloridas flores, desprendendo diferentes aromas, começam a cumprir seus papéis atraindo os polinizadores, aqueles que garantirão a continuidade das espécies nativas daquela caatinga. Mas o importante está em que por detrás dessas estratégias de sobrevivência, a mãe natureza vai elaborando compostos químicos de múltiplas atividades farmacológicas — anti-inflamatórias, anti-infecciosas, antissépticas, antioxidantes, antipiréticas, cicatrizantes, antinociceptivos — muitas vezes concentradas numa mesma planta. Enfim, é daquele chão ora ingrato ora fecundo que o homem que vive ali retira alimentos, sobretudo, em frutos e tubérculos, além de remédios para diferentes males, os elementos básicos ali disponíveis para minorar o sofrer do corpo e da alma do homem da terra ou de quem por ela passa.

Em outros tempos, foram as terras brasílicas alvo de interesses por parte de naturalistas estrangeiros, principalmente no século XIX, entre eles Auguste de Saint-Hilaire, Alexander Von Humboldt, Georg Heinrich Langsdorff, George Gardner, Albert Loefgren, Maximiliano de Neuwied, assim como Johann Baptist von Spix e seu companheiro Carl Friederich Phillip von Martius. Já no início do século XX, precisamente em 1910, chega ao Brasil, procedente da Alemanha, Philipp von Luetzelburg. Percorrendo o Nordeste, deixou a obra *Estudo Botânico do Nordeste em dois volumes.*

Conhecer os vegetais, donos daquele solo nordestino, foi interesse de cientistas brasileiros que, também, no início do século XX, deram os primeiros passos nessa investida de documentar a flora da região, a exemplo do botânico cearense Francisco Dias da Rocha, tratando de conhecer as plantas medicinais e escrever sobre elas, deixando para a posteridade sua *Botânica Médica Cearense*, tratando de 116 espécies nativas. Posteriormente, dedicou-se a outras tantas, silvestres e cultivadas, publicando-as no *Formulário Therapeutico de Plantas Medicinais Cearenses*, em 1947.

Todavia, bem antes, Portugal, desde o século XVIII, já arquitetava planos para a realização de expedições científicas ao Brasil, com brasileiros natos. Diante deste intento, a Universidade de Coimbra contratou o botânico Domenico Vandelli (1788), de Pádua, na Itália, a fim de formar uma geração de naturalistas brasileiros e organizar expedições, tendo ele publicado em 1788:

DICCIONARIO(3)

DOS TERMOS TECHNICOS DE HISTORIA NATURAL

Extraídos das obras de Linnéo, com sua explicação e estampas abertas em cobre, para facilitar a inteligência dos mesmos.

A MEMORIA SOBRE A UTILIDADE DOS JARDINS BOTANICOS
QUE OFFERECE
A RAINHA
D. MARIA I
Nossa Senhora
DOMINGOS VANDELLI

Diretor do Real Jardim Botânico e Lente das Cadeiras de Química e de História Natural na Universidade de Coimbra.

COIMBRA:

Na Real Oficina da Universidade.

M.DCC.LXXXVIII

Com licença da Real Mesa da Comissão Geral

Foi taxado este livro em Papel a dois mil e duzentos reis.

Vende-se na loja de Antonio Barneoud à Sé velha.

(3) Obra datada de 1877, a qual esta autora tem o privilégio de possuir um exemplar . Julguei importante transcrever em ortografia de época, os dados acima apresentados.

Vandelli inicia seu livro com o seguinte texto:

> "Homem só com a força da sua imaginação não podia comer nem vestir-se, nem executar os seus desejos; em fim nada podia fazer sem o auxílio das produções naturais, que são a base de todas as Artes, de que dependem principalmente os cômodos, e prazeres da vida. Pois, que o conhecimento delas contribui à felicidade humana.
>
> [...] Neste século de a História Natural mais cultivada que nos passados, o que demonstram as grandes e interessantes descobertas, e o avultado número de Museus.
>
> [...] O saber, pois, somente o nome das plantas não e ser Botânico, o verdadeiro Botânico deve saber além disto a parte mais dificultosa, e interessante, que e conhecer as suas propriedades, ufos econômicos, e medicinais; saber a sua vegetação, modo de multiplicar as mais úteis, os terrenos mais convenientes para isso, e o modo de os fertilizar.
>
> [...] Não consiste, pois o estudo da Historia Natural, na simples nomenclatura; mas nas observações, e nas experiências para conhecer as relações, a ordem da Natureza, sua economia, policia, e formação da Terra, e revoluções, que sofreu, e em fim as utilidades, que se podem tirar das produções naturais além das conhecidas.
>
> Pelo que fendo este estudo tão útil, e necessário, e digno de que muitas pessoas se apliquem a ele, e consistindo uma das suas maiores dificuldades na inteligência dos termos, de que os Naturalistas, e principalmente o Cel. Lineu fazem uso; por isso me determinei com maior clareza possível, a traduzi-los na nossa língua. Esta tradução, incumbi ao Dr. Francisco José Simões da Serra Demonstrador de História Natural, mas a sua morte impediu a acabá-la."

Em 1779, Domingos Vandelli redigiu instruções para os membros das expedições, as quais lhe deram o nome de *Viagens Filosóficas*, tendo havido expedições ao norte e ao Rio de Janeiro, até que foram preparadas instruções específicas para cada uma daquelas viagens. Assim, em 1799, foi enviado de Portugal à Capitania do Ceará, João da Silva Feijó, onde permaneceu por cerca de 18 anos, período em que redigiu memórias, inclusive a *Coleção descritiva das plantas da Capitania do Ceará*. Os trabalhos de Feijó foram posteriormente retomados pela Comissão Científica, criada em 1838, no Instituto Histórico e Geográfico Brasileiro, em vista de terem sido considerados, até então, os mais completos sobre a história natural do Ceará (PATACA; PINHEIRO,

2005). Feijó classificou plantas que por diversas vezes enviou ao Jardim Botânico da Ajuda em Portugal e para a instituição congênere da Prússia, em Berlim (SILVA, 2007). Os dados reunidos por Feijó foram aproveitados por Thomaz Pompeu de Sousa Brasil na metade do século XIX.

Em 1856, a Comissão Científica ou Comissão Exploradora das Províncias do Norte, cuja Seção de Botânica, dirigida pelo botânico Francisco Freire Allemão de Cisneiros (1797-1874), logo idealizou uma expedição ao Ceará, a qual foi encetada em 1859, se encarregando, logo de início, do levantamento da flora local.

Sobre a expedição ao Ceará, Freire Allemão escreve longa carta a Von Martius em 25 de janeiro de 1859, lembrando que ele já mantinha intensa correspondência com este cientista.

> Ilustríssimo Senhor(4).
>
> [...] Ora é por não ter coisa importante a lhe comunicar e a enviar que me tenho abstido de escrever-lhe mais a miúdo. Agora estava cuidando em juntar alguma coisa para lhe mandar por estar em véspera de uma grande viagem, quando recebi as duas e muito estimáveis cartas. A viagem de que trato é de uma expedição científica que o governo manda a explorar algumas províncias do Brasil. Sobre o resultado dessa expedição nada quero adiantar, é antes uma expedição de aprendizado e de experiência para habilitar alguns moços a trabalhos ulteriores e talvez mais importantes. [...] Parece que a primeira província a explorar-se será o Ceará. [...]
>
> Adeus meu caro Senhor. Tenho a honra etc. etc.
>
> Francisco Freire Allemão

Já tendo partido com a expedição, Freire Allemão escreve à sua irmã Policena, em Icó, em 20 de novembro de 1859, assim se expressando:

> Aqui estamos há 13 dias, nesta cidade de Icó, a 80 léguas da capital do Ceará e a 50 do Aracati, outra cidade donde datamos as últimas cartas, que daqui escrevemos. Gastamos dali aqui 22 dias de viagem, fazendo por dia 2 e meia, 3, 4 e 5 léguas, pousando em cidades, vilas, povoações e sítios; e por um terreno árido e queimado; nem um riozinho corrente passamos no

(4) Texto transcrito sem atualização ortográfica.

espaço de 50 léguas! Era um grande prazer quando avistávamos uma lagoa, um poço, ou um charco, marchávamos sempre pelas ribeiras, ora direita, ora esquerda do famoso Jaguaribe, que atravessamos algumas vezes e que é agora antes um vasto areal do que um rio. [...] Daqui alguns dias seguiremos para o Crato que é daqui a 32 léguas; dizem-nos que ai a água verte por toda parte, há muita fruta, muita verdura, muita coisa: o que for soará! Agora queremos que todos lá gozem a melhor saúde, que vivam alegres, mas que se não esqueçam de quem ainda por longas terras e que sempre traz lá a alma e o coração. As minhas horas solitárias são sempre cheias de melancolia e de saudades e suspiramos, porque o tempo corra e cedo nos vejamos onde só gozamos [...].

Ao percorrerem as cercanias de Icó, em outubro de 1859, já foram deparando com o comportamento das plantas, comum naquele período do ano, como narra Freire Allemão na mesma carta:

> Hoje reparei como, não só os campos, mas até os montes, cujas árvores estavam secas, estão já bastante verdes, isto em consequência das chuvas de 21 e 22. Hoje são 27: assim bastaram 5 dias para as árvores brotarem as folhas. Eu sempre pensei que o desfolhamento das árvores nos sertões não era só devido aos calores; sem dúvida a secura determina a queda das folhas mais cedo e mais completamente; mas as árvores do sertão (ao menos daqui do Ceará) são próprias a largar as folhas no verão, digo no inverno. São juremas, angicos, pereiros, paus-brancos, sabiás, paus-d'arco, aroeiras, Gonçalo Alves, etc., etc. Nos lugares frescos conservam por mais tempo a folhas, como acontece principalmente com as marizeiras; mas se acham em lugares altos e secos largam-nas mais depressa. Demais, estamos em pleno inverno, isto é, na estação mais seca e os pereiros estão se vestindo de folhas e os angicos, aroeiras etc. não tardarão a toma-las. (ALLEMÃO, 1964, p. 284)

Porém, Freire Allemão (1964, p. 307), ao percorrer a região de caatinga, documentando a cultura local, conforme está em seus manuscritos — obra, aqui de referência — região, hoje, a qual se supõe, dentro da área do Geopark Araripe, a área delimitada para o presente estudo —, o fez no período das chuvas, o que o impediu de presenciá-la em pleno período de seca:

> [...] Quando chega o tempo das chuvas o céu apresenta sempre grupos de nuvens elétricas, com trovoadas parciais, e pequenos chuveiros, até que começam as chuvas regulares; então estas se tornam quase diárias.

> Não há muitos anos que houve um bom inverno, chovendo somente de noite e quase sem falha, segundo o que me informaram. [...] (ALLEMÃO, 1964, p. 307)

> [...] As viagens no Ceará são singulares: no verão todos os rios estão reduzidos a verdadeiros areais; no inverno esses areais se submergem e se tornam rios caudais, muito largos, de grande correnteza e medonhos; toda a província fica coberta deles e isso interrompe, ou dificulta ao menos, as viagens. O terror que se tem a esses rios é grande e assim deve ser pelo contrate e pela alteração constante de seu fundo, pois eles não têm um fundo conhecido. De seco começa a alargar até alargar tudo em redor (FREIRE ALLEMÃO, 2006, p. 75)

Ao passar por Lavras, refere-se às plantações de cana e cerca de 50 engenhos produzindo rapadura, açúcar bruto e aguardente. Refere-se, também, à cultura, ali, do algodão e do fumo, além da mandioca, milho, feijão (ALLEMÃO, 1964, p. 296).

Deixando Lavras, sobem a Serra do Araripe, quando diz:

> [...] O Araripe não é verdadeiramente uma serra, mas sim um chapadão, cuja elevação sobre as serras vizinhas não excede de 1.000 pés, se chegar (3.000 palmos sobre o nível do mar, (segundo) Capanema). Em cima é inteiramente raso, tendo muitas léguas em vários sentidos e o seu âmbito é muito irregular, enviando braços ou prolongamentos em vários sentidos, e por toda a parte é uma ladeira abrupta, quase a pique e cortada de algares. Tem na sua chapada e pelo interior, matas extensíssimas. [...]

> [...] O seu chão é tão absorvente que, nas grandes chuvas, as águas não duram sobre o terreno, tudo se some, para se escoar em numerosas nascentes pela fralda e redondeza de toda a montanha, o que faz a fertilidade das terras em roda numa zona de 1 a 2 léguas de largura, acompanhando as sinuosidades da serra. (ALLEMÃO, 1964, p. 299) [...]

Ao se deter na cidade do Crato, Freire Alemão assim a descreve, à p. 300:

> [...] Este plano da cidade é rodeado por três lados de grandes oiteiros: O Barro Vermelho ao nascente quase; o Alto da Miséria ou da Batateira a noroeste; e o Alto do Grangeiro a sudoeste, formando assim quase um grande triângulo: ao poente fica o Araripe na distância de mais de légua. [...]

Nas cercanias da cidade do Crato, documentou muitas frutas silvestres: macaúba, buritis, catolés, pequi, mangaba, araticum, maracujá, pitomba, ingá, araçá, jenipapo, murici, bacumixá, bacupari. Diz, ainda, que "o Crato é país úmido; logo que começam as chuvas a umidade atmosférica aumenta muito; é doentio". Acrescenta, ainda, que

> Moléstias de olhos são endêmicas e de todas as formas; rara é a pessoa que não sofre ou tem sofrido dos olhos. Há casas onde há 2 ou 3 pessoas cegas. [...] a falta de médicos hábeis concorre também para agravar esse mal. [...] Mas o que também faz estragos, é o tumor bobático e sífilis [...]. (ALLEMÃO, 1964, p. 302-3)

Ainda do Crato, em 11.2.1860,

> Sobre o inverno no Cariri nos anos regulares, as primeiras chuvas caem em outubro e novembro, de sorte que, no Natal se tem já legumes: feijão, milho, etc. Este ano passado, porém, assim como alguns outros anteriores, foram privados dessas chuvas e por isso a demora do inverno deste ano causou ou ia causando bastante mal à lavoura e muito principalmente à criação, tendo já morrido bastante gado. O mês de janeiro, segundo o senhor Sucupira, foi em todos os tempos mais ou menos seco e o inverno propriamente do ano começa e começou sempre no princípio de fevereiro". Isto no Cariri, nos sertões chega sempre mais tarde.
>
> Quando chega o tempo das chuvas o céu apresenta sempre grupos de nuvens elétricas, com trovoadas parciais e pequenos chuveiros, até que começam as chuvas regulares; então estas se tornam quase diárias. Não há muitos anos que houve um bom inverno, chovendo somente de noite e quase sem falha, segundo o que me informaram.
>
> De pessoas vindas de vários lugares tivemos notícia que ao menos até um raio de 40 léguas para a parte de Pernambuco chegou a chuva, e com a mesma intensidade; depois no Crato soubemos que aí choveu da mesma maneira como no Jardim e na Barbalha e pessoas vindas de baixo disseram que no Icó choveu da mesma maneira, isto é daqui a 50 léguas. Esta c huva abrange, pois, uma área de terreno pelo menos de 80 léguas de diâmetro, compreendendo quase duas mil léguas quadradas. (ALLEMÃO, 1964, p. 306)

Observou ali, também, o comportamento religioso de indivíduos se autoflagelando, os chamados penitentes, usando nesta prática, como diz o botânico, de lâminas de ferro que eram fundidas numa espécie de chicote.

Freire Allemão e seu grupo, todavia, diz que em 8 de dezembro daquele ano de 1860, quando chegaram ao Crato, "ali achamos queixas pela falta das chuvas de outubro e novembro (não sei se faltaram completamente ou se não foram suficientes) [...]. Em Missão Velha quando ai passamos choveu, assim como em Tropas".

Em relação ao sentimento do cearense a respeito da Comissão Científica, diz o botânico:

> Entre muitos preconceitos, como é o considerar-nos estrangeiros e que viemos tomar suas terras, seus mitos, seus tesouros e escravizá-los etc. etc. [...] clama contra os ordenados dos membros da Comissão, que todos exageram muito contra as despesas que a Comissão acarreta. Não fazem senão lastimarem-se fazendo comparações, dizendo: gasta-se tanto dinheiro (bem entendo, o Governo geral) sem grande necessidade e nós sofrendo tantas necessidades. (ALLEMÃO, 1964, p. 313)

Comenta Freire Allemão que naquela região por onde estavam passando, nas imediações do Crato:

> A gente branca é pouca; mas o que chamam cabras são em grande número e me parece gente de boa índole: no entanto as rixas são comuns e facadas e morte. Dá-se por estes sertões pouco apreço à vida alheia. As cadeias estão cheias de assassinos e facinorosos; diz-se, porém, que isto tem melhorado muito; em outros tempos mesmo dentro da vila se cometiam descaradamente assassinatos.

Em nota de rodapé, diz: "De viagem os figurões, ou os que querem passar por tais, andavam sempre com certo número de homens armados, chamados cangaceiros".

Este comentário de Freire Allemão nos remete ao período em que o Nordeste já vivenciava os horrores do cangaço. Este, todavia, é a face desagradável na memória do povo da caatinga, aquele chão que, de outro lado vem, gradativamente, sofrendo degradação movida por diferentes fatores. Aquele chão está se desertificando, ora pelo homem que derruba sua mata com propósitos vários, entre eles levando para ali rebanhos de animais, os quais vão, paulatinamente, comprometendo a dinâmica da regeneração natural da vegetação local, como chama a atenção Melo *et al.* (2012, p. 411). Como dizem estes autores, áreas da caatinga, submetidas ao pisoteamento e à herbivoria de caprinos, vêm favorecendo o aumento significativo nas taxas de mortalidade de espécies chaves, como umbuzeiro (*Spondias tuberosa*) Arruda (*Anacardiaceae*) e juazeiro (*Zizyphus joazeiro* (Mart.); *Rhaminaceae*), plantas símbolos da caatinga, ao lado da divinizada nos meios afrobrasileiros, a jurema (*Mimosa hostilis* Benth. — *Fabaceae*).

De outro lado, o Geopark Araripe, e as cidades que o compõe, é região de onde exala o perfume de solo sacro, área de domínio à devoção ao Padre Cícero, o 'padim Ciço', a salvação dos muitos que por ali vivem, naquele e outros pedaços do Nordeste. Nesse sentido, a devoção a Padre Cícero tem lugar de destaque neste estudo, visto ter sido figura central nesse universo cheio de fé. Sagrou-se à vida sacerdotal, dedicando-se a minimizar o sofrimento daqueles que o procurava, atingindo o ápice da taumaturgia. Vocação originada de dois fatos ocorridos em sua vida: primeiro um sonho que tivera com Jesus falando a seus apóstolos indicando-lhes a tarefa de atender os muitos humildes que se aproximavam e, dirigindo-se a Cícero, disse-lhe: "Você, Cícero, toma conta dessa gente". Em segundo lugar, o "milagre da transubstanciação da hóstia em sangue de Jesus, vivenciada pela beata Maria de Araújo".

O fenômeno do sonho revelador, tal como ocorreu com Padre Cícero não foi único entre os muitos no cenário da taumaturgia. Exemplo está em São Martinho de Tours (371-397) em plena Idade Média que, segundo seu biógrafo Sulpício Severo, quando em pleno inverno, reparte seu casaco com um mendigo nu. Em sonho, vê Cristo vestindo a metade do casaco que dera ao mendigo. A partir daí, toma a decisão de ser batizado e deixa o exército romano ao qual se dedicava até então, tornando-se eremita, ampliando seus milagres, os quais se propagaram por todos os cantos (LE GOFF, 2013, p. 22).

Quanto ao fenômeno da transubstanciação, embora não em sangue, como ocorreu com Maria de Araújo, mas em perfume sublime, lembramos o Imperador Carlos Magno, ungido com óleo santo e coroado rei na Basílica de São Pedro pelo papa León III no ano 800. O ato da coroação e unção com os santos óleos, naquele período medieval, era entendido como ato santificado, tornando os reis investidos de poderes, aptos a curar. Segundo Bloch (1988, p. 80):

> Entre todas las cosas de la Iglesia, los santos óleos, por ser el veihiculo normal de las consagraciones, parecían particularmente fecundos en poderes. Los acusados los absorbían para hacer favorable a ellos la ordalía. Pero más que nada constituían un maravilloso recurso contra los males del cuerpo, al punto de que había que proteger los vasos que los guardaban de la indiscreción de los fieles. Em rigor, en estas épocas, el que decia "sagrado" decia "apto para curar.

Era na Santa Redoma que se conservava o bálsamo sagrado, em Saint-Remi de Reims e que foi trazida do céu por anjos para ungir os nobres e dignos reis da França de maneira mais nobre e mais santamente, de dentro da qual exalava sublime perfume (CAMARGO, 1982).

Carlos Magno é aqui referido, visto esse rei herói medieval estar presente na poesia de nossos trovadores nordestinos, a exemplo de Leandro Gomes de Barros, fazendo referência ao célebre bálsamo, o óleo santo com o qual ele foi ungido e seus poderes curativos, os quais atravessaram séculos, chegando ao Brasil:

Eu tenho o bálsamo sagrado

Com que teu Deus foi ungido

Bebe-o porque estás ferido

Bebendo ficas curado.

Estes versos, extraídos do poema deste poeta cantador nordestino, *A batalha de Oliveiros e Ferrabrás* (CAMARGO, 1982, p. 121), foram, por sua vez, inspirados no livro *Carlos Magno e os Doze Pares de França,* o qual circulou pelo nordeste no século XIX e que, por sua vez, teria origem na canção de gesta do século XII que leva o nome de Ferrabrás. Esta relata a cruzada de Carlos Magno ao Oriente em busca do precioso bálsamo que serviu para o enterro de Cristo e estava em poder do emir do Egito, pai de Ferrabrás. Teria sido naquele livro que poetas nordestinos, em seu dom inato de versejar, inspirados nas bravuras deste rei que, ungido com o santo óleo, operou feitos milagrosos, emprestando a esse bálsamo poderes de cura e do qual exalava suave perfume.

O milagroso bálsamo poetizado nos versos de Leandro Gomes de Barros deixou marca surpreendente na medicina popular. Representada nas propriedades medicinais de plantas balsâmicas da família Crassulaceae, a medicina popular imputou-lhe valores extraordinários ao se admitir "curar tudo", tanto em uso externo como interno. Desta família botânica, a espécie *Sempervivum* chamou a atenção de Carlos Magno pelas propriedades balsâmicas, curando diferentes problemas de saúde. Recomendava a seu povo que a cultivasse para seu próprio uso, assim como plantasse nos telhados, pois tinha, segundo ele, a propriedade de evitar raios, costume que ainda persiste em cidades da França, segundo Quer (1978).

Vislumbramos aí o extraordinário papel da tradição oral na divulgação de fatos de interesse coletivo, seguindo diferentes direções, a exemplo dos valores do bálsamo sagrado surgido no universo carolíngio, em plena Idade Média. Espalhado Europa adentro via transmissão oral nos versos de trovadores, os valores desse milagroso bálsamo encontraram na Península Ibérica terreno fértil. Cognominado bálsamo-de-

-ferrabrás, bálsamo lendário, maravilhoso e famoso, está presente nos romances de cavalaria e Cervantes o invoca em sua obra *Don Quixote de la Mancha*, por influência da canção de gesta do século XII narrando a batalha entre o nobre Oliveiros, à frente do exército de Carlos Magno e o sarraceno Ferrabrás. Assim, na Espanha, o bálsamo milagroso, o encontramos, já cognominado 'bálsamo de Ferrabrás':

> [...] É um bálsamo — respondeu Don Quichote — de que eu tenho a receita na memória, com a qual ninguém pode ter medo da morte, nem se morre de ferida alguma ...basta dois tragos do dito bálsamo e vêr-me-hás ficar são que um 'pêro' [...]. (SAAVEDRA, 5:52, 90-1, 1929 (SAAVEDRA, 1929))

Pois, esse bálsamo seguiu por mares bravios nas caravelas de Colombo, atendendo às necessidades médicas de seus tripulantes, vindo a aportar em costas americanas, onde hoje está São Domingos, na República Dominicana, a cujo bálsamo, foi incorporada uma planta nativa ensinada por indígenas, como indica a placa a seguir, afixada em uma das dependências do Museo do Alcazar de Colón, edificação onde, outrora, residiu o Vice-Rei Diego Colón e sua esposa Maria de Toledo, ele, filho de Cristóvão Colombo (Veja Foto 1 ao final deste livro).

O mesmo veio a ocorrer no Brasil com a introdução, em sua fórmula, de espécies balsâmicas do gênero *Kalanchoe*, da família botânica *Crassuaceae*, plantas conhecidas por folha-da-costa, folha-da-bahia, coerama, coerana-do-pernambuco, para-tudo--de-alagoas.

Eis que aporta em terras brasílicas o lendário "bálsamo de ferrabrás", via *História de Carlos Magno os Doze Pares de França*, livro que circulou pelo nordeste, lá pelo século XIX, como referido anteriormente.

Lembramos a ênfase que Leandro Gomes de Barros deu ao bálsamo em seu poema *A Batalha de Oliveiros com Ferrabrás*, emprestando-lhe um aspecto mítico. O mesmo ocorreu com Don Quichote ao referir-se ao poderoso *Bálsamo de Ferrabrás*, o que nos faz reportar ao Bálsamo do Padre Cícero, com seus amplos poderes curativos, à venda no mercado de Juazeiro do Norte.

Extraímos destas comparações o denominador comum, que é o fator ligado à crença num poder de cura que extrapola qualquer tentativa de uma explicação concreta, o que vem a alimentar no homem a atração pelo imponderável. Aí a crença nos poderes dos remédios milagrosos que estiveram em alta no período da história do Brasil enquanto colônia.

Como está em Camargo (2014, p. 186), os jesuítas teriam sido os que mais contribuíram para o conhecimento das plantas medicinais nativas brasileiras. Empregavam-nas em manipulação dos remédios de fórmulas secretas preparados nas boticas, juntas a seus colégios, ficando famosa, a *Coleção de Receitas Medicinais*, conhecidas por *Purchas,* em 1625, do colégio da Bahia e de Olinda, de autoria de Manuel Tristão. Dentre aquela coleção estava a *Triaga Brasílica,* composta de mais de sessenta componentes.

Compreendendo fórmulas secretas de eficácia garantida, as triagas ou teriagas eram polifarmácias à base de vinho e mel, acrescidas de substâncias de origem vegetal, animal e mineral.

A partir de exaustiva pesquisa, concluímos que nossas "garrafadas", altamente difundidas Brasil afora, elemento primordial na medicina popular, têm sua origem nas velhas "teriagas" (CAMARGO, 2014, p. 185), usadas desde as antigas práticas médicas greco-romanas.

Admite-se que o termo "teriaga" tenha sido substituído por "garrafada", por ocasião da expulsão dos jesuítas, por volta de 1640, pelo Marques de Pombal, época em que só as boticas dos colégios jesuíticos tinham autorização para preparar remédios. A partir daquele ano, pessoas de fora poderiam prepará-los desde que com autorização de um físico-mor (SANTOS, 2009, p. 51). Assim, muitos lavadores de vidros nas boticas dos colégios se arvoraram em boticários, elaborando suas próprias receitas, admitindo, mesmo, que os padres fornecessem os remédios em vidros, visto ter sido o termo "garrafada" dicionarizado por alguns autores a exemplo de António Moraes Silva (1878 tomo II: 80): "Garrafada: medicamento que vem da botica em garrafa". As garrafas de cerâmica ou vidro faziam parte do arsenal de objetos das boticas portuguesas, como constataram Leal e Ferreira (2006-2007, p. 97), entre os achados arqueológicos de uma comunidade monástica do século XVII, o Mosteiro de Santa Clara-a-Velha, de Coimbra.

Como se pode perceber, as preparações de garrafada obedecem, hoje, a princípios semelhantes aos das velhas teriagas, ou seja, a presença do mel e o vinho, este, muitas vezes substituído pela cachaça, como está em Camargo (2011).

Os remédios milagrosos persistem em meio à medicina popular de hoje, como constatamos ao nos depararmos com os remédios que levam o nome de Padre Cícero à venda no mercado de Juazeiro.

Enorme foi a contribuição das obras produzidas nas universidades dos estados que circundam a caatinga do Geopark Araripe. São relatos de viagens de exploração, dissertações de mestrado, teses de doutorado, artigos publicados em renomadas revistas científicas, assim como entrevistas, trazendo a público os mais valiosos dados, dos quais, aqui reproduzidos, enriqueceram sobre maneira o presente livro, cujos autores, vão citados nos locais devidos e relacionados no final.

Foi nas obras consultadas onde buscamos subsídios sobre histórias do passado, a fim de que pudesse entender o presente. Deles extraímos os dados aqui reunidos, os quais compreendem meu contributo em homenagem ao povo desse pedaço do Ceará, onde a caatinga, com os valores que encerra, mostra-se altaneira, como num pano de fundo. Outrossim, procuro, na Parte 5, deixar registrado meu empenho em buscar entender para poder explicar e dar sentido à maneira de ser e agir do romeiro diante de curas alcançadas atribuídas a Padre Cícero.

Há, todavia, um pormenor a ser esclarecido quanto ao tratamento que, enquanto autora deste livro, dei na Introdução, usando a primeira pessoa do singular, como forma de externar as impressões que fui acumulando no decorrer de minhas andanças pelos caminhos que cruzam o Geopark Araripe. Todavia, no desenrolar do livro propriamente dito, passo a usar a 1ª pessoa do plural. Justifico este procedimento, visto a grandeza de atitudes percebidas por todos aqueles se cercaram de mim, a fim de oferecer-me todo o suporte de que necessitava durante as inúmeras vezes que me vi sob o céu daquele pedaço do Ceará. Portanto, como em momento nenhum andei só, nada mais justo de usar o tratamento "nós".

O presente livro compreende: Introdução; **Parte 1** — *A cartografia do Ceará* nos tempos de sua ocupação no século XVIII. São abordados aspectos centrais do Ceará enquanto Capitania com suas fronteiras demarcadas, incluindo personagens de época que se destacaram. Abordagem sucinta sobre aspectos centrais do *Geopark Araripe* enquanto área demarcada para a realização deste estudo, vista a importância que teme teve, o longo processo da separação do continente africano, compreendido, hoje, de geosítios de interesses paleontológicos, caracterizados pelos fósseis de animais vertebrados e invertebrados e vegetais do período Cretácio; **Parte 2** — *As plantas medicinais e os remédios populares nas áreas urbanas e rurais do Geopark Araripe* em uma abordagem etnofarmacobotânica envolvendo as plantas empregadas em produções artesanais de remédios à venda em mercados e feiras livres. Ainda, dados sobre as estratégias da natureza em desenvolver recursos naturais de defesa das plantas, permitindo que elas sobrevivam durante a estiagem naquele agreste seco, por longo período do ano; **Parte 3** — *O sagrado na experiência religiosa do povo do sertão.* Primeiramente, uma abordagem sobre as missões do Padre Ibiapina na segunda metade do século XIX, quando do surgimento dos tipos caracterizados pelas figuras do beato e do penitente, até o advento do Padre Cícero. Este, fazendo perpetuar aqueles tipos que marcaram o período anterior, acrescidos das romarias e outros atos devocionais dedicados a ele. **Parte 4** — Padre Cícero. Ligeiro esboço de sua personalidade e perfil político, assim como sua participação em eventos históricos que marcaram o período de sua existência no Cariri. As romarias, com destaque para o Caldeirão dos Jesuítas segundo alguns estudiosos. **Parte 5** — Homem/Natureza/Crença. Uma abordagem sobre o sertanejo e sua religiosidade, entendendo-os como partícipes na complementaridade destes três elementos na batalha pela sobrevivência. **Parte 6** — 21 das plantas medicinais selecionadas para o presente estudo, compreendendo informações sobre os seguintes dados: *Nome vulgar, Sinonímia popular, Família, Nome científico, Descrição, Ocorrência, Parte usada,* complementada com dados sobre atividades farmacológicas e usos na medicina popular. Em "observações", julguei interessante introduzir as impressões sobre as plantas medicinais mencionadas pelos seguintes autores e os séculos correspondentes: século XVII em Guilherme Piso (1648), século XVIII em Francisco Antônio de Sampaio (1782), século XIX em José Monteiro de Carvalho (1817), Theodoro Langgaardd (1873), Pedro Napoleão Chernoviz (1890), cujas três últimas obras, em seus originais de época, são parte da coleção de obras raras de minha biblioteca.

PARTE 1

A Cartografia do Ceará em Tempos da Ocupação de suas Terras no Século XVIII

A ocupação do Ceará teve início nos primórdios do século XVIII por boiadeiros expulsos do litoral açucareiro em busca novas pastagens no Piauí e no Maranhão, conforme Jucá Neto (2010) comentando sobre:

> A baixa produtividade e a pequena rentabilidade da pecuária — atividade econômica que atribuiu forma e conteúdo ao território cearense — implicou em um reduzido investimento técnico e de capital por parte dos colonizadores portugueses na conquista do sertão nordestino.
>
> Uma das expressões do pouco investimento tecnológico, diretamente associada ao fato da Capitania do Ceará estar anexada à Capitania de Pernambuco até1799, foi a inexistência de uma cartográfica setecentista que determinasse os reais limites da territorialidade cearense e de suas possibilidades econômicas.

Foi em fins do século XVIII que se iniciou uma campanha visando à separação administrativa do território cearense em relação à Pernambuco. Segundo o autor acima, "relatórios e memórias descritivas sobre a Capitania elaboradas por seus capitães-mores e ouvidores foram enviados ao Reino, procurando demonstrar ao Conselho Ultramarino as possibilidades concretas do seu desenvolvimento econômico". Em alguns destes balanços foram apontadas novas fontes de arrecadação para o erário Real, a partir do cultivo do algodão, do linho e da aguardente entre outros relatórios, o que veio a justificar a independência administrativa do Ceará em A Carta Régia de 17 de fevereiro de 1799 declarando o Ceará independente.

A primeira carta com as demarcações das fronteiras cearenses de que se tem notícia, sem especificação de data, é a carta da Capitania do Ceará, de autoria do engenheiro e naturalista João da Silva Feijó, considerado pioneiro nos estudos cearenses, iniciados em 1799, demorando-se cerca de 20 anos. Segundo Renato Braga (2001), na introdução de seu livro *Plantas do Nordeste. Especialmente do Ceará,* teve Feijó a oportunidade de escrever algumas memórias, entre as quais figura *a Coleção Descritiva das Plantas da Capitania do Ceará.* Não obstante havê-la dedicado à S.A. Real D. Maria I, não logrou os favores régios, ficou inédita e consta que se acha perdida. Cito-a para relembrar o nome do probo e diligente cientista, o primeiro a ocupar-se dos aspectos naturais e econômicos do Ceará.

1.1. GEOPARK ARARIPE POR ELE MESMO

Geopark Araripe situa-se ao sul do Ceará, na região nordeste do Brasil, ocupa uma área de 3.796 km^2 (VILAS BOAS, 2012, p. 11) na porção cearense da Bacia Sedimentar do Araripe. Esta Bacia ocupa uma área de aproximadamente 12.200 km^2, tendo sua origem remetendo, diretamente, aos eventos tectônicos associados com a abertura do oceano Atlântico sul — separação das placas continentais da América do Sul e da África, antigo Continente Gondwana. Tal evento fez criar grandes depressões, as quais possibilitaram a formação de centros de deposição de sedimentos terrígenos, cuja idade remonta ao período Cretáceo, período quando as rochas se formaram (PONTE; PONTE FILHO, 1996), onde se localizam as formações Exu, Arajara, Santana, Rio Batateira, Missão velha, Brejo Santo, Embassamento cristalino. De tal evento, ocorreu, em determinados momentos, rebaixamentos da crosta terrestre, assim como elevação do nível do mar, a razão da preservação de fósseis marinhos no interior do nordeste.

O Membro Crato, na Formação Santana, representa um dos extratos onde são encontrados fósseis preservados, a exemplo da coloração das penas das aves e impressões de membranas de pterossauros. A idade deste Membro, como pertencente ao Cretáceo, o último período da Era dos dinossauros (Era Mesozoica, de cerca de 120 milhões de anos), o que indica que na região ainda se encontram fósseis, tenha sido, no passado, um enorme lago que, em alguns pontos, podia atingir 50 km. Este lago apresentava condições de preservação de fósseis: águas calmas e um fundo com ausência de oxigênio, impedindo a ação de bactérias na decomposição dos animais mortos, fósseis de peixes, insetos, aracnídeos, moluscos, crustáceos, anfíbios, pterossaouros, lagartos, aves e fósseis de vários tipos de vegetais. A unidade é hoje caracterizada por calcários laminados de cor amarela, creme, avermelhado ou cinza, conhecidas por pedras Cariri (VILAS BOAS, 2012).

"Uma das coisas mais empolgantes no estudo de fósseis é encontrar preservados os chamados tecidos moles — basicamente tudo que não é osso no corpo do animal", como diz Salvador Nogueira (2012, p. 42). Um novo estudo, segundo o autor mencionado, se realiza a partir das bactérias fossilizadas encontradas na crista de um pterossauro, o qual viveu há cerca de 115 milhões. Encontrado nas proximidades de Nova Olinda (CE), tal achado ajudará a descobrir como os tecidos moles foram tão bem preservados, visto terem se fossilizado muito rapidamente, horas ou dias após a morte do animal, como comenta o autor.

A Bacia Sedimentar do Araripe é constituída de vasto planalto — Chapada do Araripe — e por planícies que a circundam, em seus desníveis de até 400 metros, apresentando recurso hídrico subterrâneo, fonte de água potável. Compreendida de vários Biomas, com predominância da caatinga arbórea densa e da Floresta Nacional — Flona— compreendendo esta de vasto sítio arqueológico de formações fossilíferas, cujos achados paleobotânicos poderão nos conduzir a um maior conhecimento a evolução dos vegetais e a continuidade na reprodução das espécies em seus específicos gêneros. Hoje, para a dispersão de sementes das espécies de plantas, particularmente da mata úmida do Geopark Araripe, não podemos deixar de mencionar a figurinha ímpar na biodiversidade daquele ecossistema, o "soldadinho do Araripe" (*Antilophia bokermanni*). Pássaro endêmico do sul do Ceará em seu trabalho de reflorestamento de muitas espécies da floresta, visto serem as sementes de certas árvores que ali se desenvolvem, seu alimento, fazendo germinar aquelas por ele defecadas. As "cicas", por exemplo, do gênero *Cycas* da família *Cycadaceae*, plantas "fisicamente semelhantes às palmeiras, mas aparentadas dos pinheiros", segundo Nogueira (2012, p. 60). Segundo este autor, seus "registros fósseis mostram que as mesmas teriam surgido há cerca de 270 milhões de anos" e, como a aparência delas quase não mudou, por todo esse tempo, consideram-se as cicas como fósseis vivos. Todavia, estudos recentes acabam de mudar o rumo dessa história, admitindo que as espécies vivas hoje, surgiram nos últimos 12 milhões de anos e não há duzentos milhões. Segundo Joly (1976, p. 194), originariamente da Ásia Oriental, são as espécies conhecidas como planta-do-sagu.

A Bacia Sedimentar do Araripe é compreendida das Formações: Exu, Arajara, Santana, Rio Batateira, Missão Velha, Brejo Santo, Embassamento Cristalino.

Todas as belezas guardadas no Geopark Araripe proporcionam a quem por ali adentra a percepção exata do que representa aquele chão, no trabalho incessante de paleontólogos, arqueólogos, historiadores, botânicos e outros mais cientistas, no desvendar os segredos ali guardados há centenas de milhões de anos.

Segundo Vilas Boas (2012), o Geopark Araripe, como parte da Bacia Sedimentar referida, engloba geossítios que guardam íntimas relações entre os elementos da geodiversidade e as comunidades humanas nos processos de ocupação da região. Tais relações estão nos elementos disponíveis de sobrevivência e elementos culturais, os formadores da identidade das populações, em suas áreas de ocupação.

- *Geossítio Colina do Horto*, o mais antigo, sustentado por rochas do embasamento da Bacia Sedimentar do Araripe, datadas de 650 milhões de anos.

- *Geossítio Cachoeira de Missão Velha*, onde afloram os arenitos de Formação Cariri, a base da estratigrafia da Bacia Sedimentar do Araripe. A disponibilidade hídrica (rios) nascentes foi fator de aldeamentos indígenas Kariri (século XVIII).

- *Geossítio Floresta petrificada* do Cariri, característica pelos fragmentos silicificados (fossilização pela sílica), representado pelas coníferas, a exemplo das as araucárias.

- *Geossítio Batateira*, local de aldeiamento indígena Kariri, à margem do rio Batateira, de onde origina a lenda de que se a pedra que encobre sua nascente fosse retirada, todo o vale do Cariri seria inundado.

- *Geossítio pedra Cariri*, localizado no município de Nova Olinda, área de elevado valor científico devido aos fósseis ali encontrados. Trata-se de calcário disposto em camadas de sedimentos, com fósseis de insetos, pterossauros — répteis voadores —, peixes, vegetais, entre outros, em excepcional qualidade de preservação, depositados há, aproximadamente, 112 milhões de anos, no Período Cretácio. Neste local existia um lago de aguas calmas, com brejos nas margens, onde se desenvolvia uma biodiversidade abundante, justificado pela variedade de fósseis que nesta área ocorre ao mesmo nível da rocha calcária, o que nos permite crer que as primeiras polinizações já ocorressem no Cretácio.

- *Geossítio Ipubi.*

- *Geossítio Parque os Pterossauros*, localizado no município de Santana do Cariri, uma das áreas mais antigas de achados fósseis de tamanho e formas diferentes — peixes, restos de pterossauros (répteis voadores), dinossauros, tartarugas e vegetais. Representado pelo Membro Romualdo, situado no topo da Formação Santana, onde estão fósseis de insetos, aracnídeos, peixes, répteis, pterossauros e dinossauros, aves e vegetais: algas, gimnospermas e angiospermas. Os fósseis são tridimencionais, conservando órgãos, tecidos moles, vasos sanguíneos, músculos (fibras), pele em pterossauros.

- *Geossítio Colina do Horto,* em Juazeiro do Norte, hoje, intensamente antropisado, com representantes da "acácia" (*Senna acidentalis*), "angico" (*Anadenanthera colubrina*) e "juazeiro" (*Zyziphus joazeiro*) (VILAS BOAS, 2012);

- *Geossítio Riacho do meio,* localizado em Barbalha, pertencente à Formação Exu, formado de arenitos. Área de fontes naturais com vegetação exuberante.

- *Geossítio Ponte da Pedra,* caracterizada pela erosão da água na formação de uma ponte natural sobre um vale seco e profundo, com vegetação densa, com pinturas rupestres dos Kariri na "pedra da coruja" e "pedra do castelo". A Ponte é uma formação rochosa natural que, realmente, tem a aparência de uma ponte, tal como a percebemos quando nos aproximamos dela. Segundo se sabe, sob ela passa um riacho que apresenta água somente no período das chuvas, delimitando a área entre a Chapada de Araripe com sua floresta e o Sertão, servindo de caminho para antigos índios e as antigas populações colonizadoras. São encontrados nas imediações vestígios de povos pré-históricos. Próximo à ponte, há vestígios arqueológicos de achados de restos de cerâmica dos antigos Kariri, assim como pinturas rupestres.

- *Geossítio Pontal da Santa Cruz,* onde a permeabilidade da rocha permite que ela absorva a água da chuva e posteriormente surja no contato com a formação geológica, dando origem às nascentes no sopé da Chapada do Araripe (VILAS BOAS, 2012).

Recordamos que fontes do saber médico popular na arte de curar, de valor incontestável para o desenvolvimento de investigações na área da Etnofarmacobotânica, podem estar, principalmente, entre populações autóctones, descendentes de antigas populações indígenas e, também, de quilombolas, constituídos, predominantemente, de populações negras, descendentes de antigos habitantes de quilombo. Ambos representam grupos de indivíduos, os quais guardam histórias ligadas às tradições ancestrais sobre os poderes curativos das plantas medicinais nativas, aquelas que medram nas áreas por eles ocupadas, mantendo conhecimentos acumulados de geração a geração, onde a relação homem/planta é histórica.

Hoje, as espécies vegetais nativas já se confundem com as exóticas introduzidas desde o tempo da chegada dos colonizadores portugueses ao sopé da Chapada do Araripe. Tais plantas exóticas de origem europeia e asiática vinham, a princípio, de Portugal para as boticas dos Jesuítas, junto aos colégios por eles construídos ao longo de toda a costa brasileira, onde os remédios eram manipulados. Muitas plantas passaram a ser cultivadas no Brasil, assim difundindo seu uso entre os colonos portugueses que já as conheciam de seus locais de origem, ajudando, assim, na propagação das mesmas pelo país afora, quando de seus deslocamentos de uma região para outra.

1.2. AS PLANTAS MEDICINAIS E OS REMÉDIOS POPULARES NAS ÁREAS URBANAS E RURAIS QUE COMPÕEM O GEOPARK ARARIPE

Embora Juazeiro do Norte, por questões de interesse local, não faça parte das cidades que compõem o Geopark Araripe, nós a mencionamos neste livro, devido ser de nosso interesse incluí-la, visto ter sido o berço da devoção que o povo nordestino dedica a Padre Cícero. É em Juazeiro onde há intenso comércio de remédios populares, principalmente aqueles que trazem em seus rótulos o nome desse padre tão venerado.

João Pedro do Juazeiro, filho de pai romeiro, cordelista e cortador de xilogravuras para capas de cordel, hoje, é dono de tipografia em Fortaleza. Enquanto residente em Juazeiro do Norte, para sobreviver, vendia panelas de porta em porta e fabricava com sua mulher a Pomada Padre Cícero, a qual vendia, principalmente, nas romarias, conforme está em Carvalho ([s.d.], p. 49).

Porém, por todas as cidades que percorremos, vimos remédios embalados em vidros, em cujos rótulos trazem o produto vegetal empregado, suas indicações e posologia. Predomina, principalmente em Juazeiro, remédios que trazem o nome do Padre Cícero, tais como: pomada de Padre Cícero, Bálsamo de Padre Cícero, inclusive o Bálsamo da Vida que, segundo informantes, teria sido fórmula do próprio Padre Cícero, hoje, obedecendo às exigências legais na formulação, é vendido em farmácias e drogarias.

Através de uma pesquisa sobre as plantas medicinais empregadas na medicina popular, pela comunidade da Colina do Horto, em Juazeiro do Norte (CE) (RICARDO, 2011), importante por situar-se em áreas de formações rochosas que datam de, aproximadamente, 650 milhões de anos, foi possível quantificar as espécies nativas e exóticas de uso local (Veja Foto 2, 3, 4 e 5 ao final deste livro).

Certamente, a introdução de novas plantas medicinais, teria ocorrido paulatinamente em períodos e áreas diferentes do Geopark Araripe, cujo inventário da flora nativa já tinha sido cuidadosamente levantado na obra *Estudo Botânico do Nordeste,* de Philipp von Luetzelburg, em 1922 e 1923, assim como outros inventários foram se seguindo, lembrando a obra *Plantas do Nordeste, Especialmente do Ceará,* de Renato Braga, publicado em 1953.

A seguir, a relação das plantas medicinais relacionadas na pesquisa anteriormente referida conforme Ricardo (2011). Tal relação deixa evidenciar que, das 50 espécies mencionadas, 16 são exóticas cultivadas pelos informantes nas próprias áreas onde habitam, trocando, entre eles, medicamentos produzidos com plantas de seu próprio cultivo. Assim, como venho a dizer, a partir do interesse da população local em cultivar as plantas exóticas, fez com que ocorresse uma mudança no meio ambiente daquela área, com a inclusão de espécies estranhas a esta região.

A seguir a relação das plantas.

Acerola (*Malpighia emarginata* DC.).

América Central (BRANDÃO *et al.*, 1996).

Alfavaca (*Ocimum tenuiflorum* L.).

Ásia (ASHAVANI, 2012).

Algodão (*Gossypium hirsutum* L.).

Ásia (JOLY; LEITÃO FILHO, 1979).

Ameixa (*Ximenia americana* L.).

Nativa (BRAGA, 2001).

Anador (*Justicia pectoralis* Jacq.).

Nativa (JOLY, 1976).

Angico (*Anadenanthera colubrina* [Vell]Brenan].

Nativa (CAMARGO, 1999).

Aroeira (*Myracrodruon urundeuva* Fr. All.).

Nativa (ALMEIDA, 1993).

Arruda (*Ruta graveolens* L).

Europa (CAMARGO, 1999).

Caju (*Anacardium ocidentale* L.).

Nativa (JOLY; LEITÃO FILHO, 1979).

Capim-santo (*Cymbopogon citratus* [DC.] Stapf).

Ásia (CAMARGO, 1999).

Catingueira (*Poincianella pyramidalis* (Tul.) L. P. Queiroz).

Nativa (IPNI).

Chanana (*Turnera ulmifolia* L.).

Nativa (BRAGA, 2001).

Cidreira (*Melissa officinalis* L.).

Europa (CAMARGO, 1999).

Colônia (*Alpinia zerumbet* (Pers.) B. L. Burtt. e R. M. Sm.).

Ásia (BRAGA, 2001).

Crista-de-galo (*Celosia brasiliensis* Moq.).

Nativa (CRUZ, 1965).

Favela (*Cnidoscolus phyllacanthus* (Mull. Arg.) Pax e L. Hoffm.).

Nativa (BRAGA, 2001).

Goiabeira (*Psidium guajava* L.).

Nativa (JOLY; LEITÃO FILHO, 1979).

Hortelã (*Mentha pulegium* L.).

Ásia, Europa, África (ookfordiagnosis.com 2013).

Imburana (*Amburana cearensis* (Fr. All.) A.C. Sm.).

Nativa (BRAGA, 2001).

Insulina (*Cissus sicyoides* L.).

Nativa (Braga, 2001) Jenipapo (*Genipa americana* L).

Nativa (BRAGA, 2001).

Joramataia (*Avicennia africana* P. Beauv.).

África Juá (*Ziziphus joazeiro* Mart.).

Nativa (BRAGA, 2001).

Jucá (*Caesalpinia ferrea* var. cearenses) Huber.

Nativa (BRAGA, 2001).

Jurema-branca (*Mimosa ophtalmocentra* Mart. ex Benth.).

Nativa Jurema-preta (*Mimosa tenuiflora* enth.).

Nativa (APNE — Associação Plantas do Nordeste-2013).

Laranjeira (*Citrus sinensis* (L.) Osbeck).

Ásia (JOLY; LEITÃO FILHO, 1979).

Limoeiro (*Citrus aurantifolia* (christm.) Swingle).

Ásia (JOLY; LEITÃO FILHO).

Louro (*Laurus nobilis* L.) Região Mediterrânea (JOLY; LEITÃO FILHO).

Malva (*Sidastrum micranthum* (A. St.-Hil.) Nativa Fryxell).

Malva-corana (Kalanchae pinnata (Lam.) Pers.) Nativa (BRAGA, 2001).

Mamoeiro (Carica papaya L.) Nativa (BRAGA, 2001).

Mangueira (*Mangifera indica* L.) Ásia (JOLY; LEITÃO FILHO).

Manjericão (*Ocimum basilicum* L.) Europa (RIZZINI; MORS, 1976).

Manjerona (*Ocimum gratissimum* L.) Ásia (BRAGA, 2001).

Marcela (*Egletes viscosa* L.) Nativa (BRAGA, 2001).

Mastruz (*Chenopodium ambrosioides* L.) Nativa (BRAGA, 2001).

Mororó (*Bauhinia cheilantha* (Bong) Steud.) Nativa (GUTIERREZ, 2010).

Mussambê (*Cleome spinosa* Jacq.) Nativa (BRAGA, 2001).

Nin indiano (*Azadirachta indica* A. Juss.) Ásia s/a.

Oiticica (*Licania rigida Benth.*) Nativa (ALMEIDA, 1993).

Oliveira (*Olea europaea* L.) Europa (ALMEIDA, 1993).

Pereiro (*Aspidosperma pyrifolium* Mart) Nativa (BRAGA, 2001).

Pimenta-malagueta (*Capsicum frutescens* L.) Nativa (BRAGA, 2001).

Pinhão-roxo (*Jatropha glossypiifolia* L.) Nativa (BRAGA, 2001).

Quebra-pedra (*Phyllanthus amarus Schumach.* e Thonn.).

Quina-quina (*Coutarea hexandra* (Jacq.) K. Schum) (BRAGA, 2001).

Rícino (*Ricinus communis* L.) Ásia (JOLY; LEITÃO FILHO, 1979).

Vassourinha (*Scoparia dulcis* L.) Nativa (RIZZINI; MORS,1976).

Zanzu (*Sida galheirensis* Ulbr.) Nativa (SILVA, 2012).

PARTE 2

As Plantas Medicinais em meio à Caatinga, em uma Abordagem Etnofarmacobotânica

Sangram os nevoeiros\O chão se alagando\As águas arrastando

Pau dos oiteiros\ Buscando ribeiros\ Para a eles unir-se

Parece extrair-se\ Do céu um tesouro\ Esse riso de ouro

Que faz tudo rir-se.

Flora o camará\ Enrrama o pereiro\ Nasce o candeeiro

Coção, trapiá\ Mufumbo e ingá\ Angico e arueira

Flora a craibeira\ Catinga de porco\ Demora-se um pouco

Por ser mais ronceira.

O agricultor\Diz com grande espanto:\ amanhã eu planto

Seja como for\ Tenho trabalhador\ Faço a plantação

Está molhado o chão\ Eu vou mais meu filho\

Ele planta milho

Eu planto feijão.[5]

2.1. *A PLANTA MEDICINAL EM SUA CONTEMPORANEIDADE*

O material botânico aqui em discussão resulta de um esforço em dar ênfase aos múltiplos valores científicos e culturais atribuídos à composição florística, de caráter medicinal, própria do bioma Caatinga, a qual vem a propiciar à Etnofarmacobotânica subsídios de inestimável valor.

Os dados obtidos, na realidade, são produto de pesquisa empírica, proveniente dos contatos informais com membros das populações rurais e urbanas das cidades que compõem o Geopark Araripe, mantidos periodicamente desde final da década de 90. Consideramos, todavia, que foram contatos com indivíduos que desenvolvem o comércio de plantas medicinais em mercados e feiras livres, além daqueles conhecedores da arte de curar e com as conhecidas benzedeiras que, além de rezar e benzer, dominam também os saberes sobre as plantas que curam.

Complementam os dados levantados em trabalho de campo aqueles obtidos em exaustiva pesquisa bibliográfica em livros, artigos, dissertações e teses acadêmicas, envolvendo não só a literatura especializada em Etnofarmacobotânica, mas também as áreas acadêmicas que a envolve, visto seu caráter interdisciplinar.

A relação homem/planta é uma constante no cotidiano, seja em zonas rurais ou urbanas, de maior ou menor densidade demográfica, seja na alimentação ou na preservação da saúde, mantendo, por vezes, as tradições familiares que vêm de geração a geração.

Importante destacar que a retirada do material botânico de uso médico popular, segundo Giulietti *et al.* ([s.d.], p. 73): "tem pouco impacto negativo na vegetação nativa, pois as quantidades usadas são pequenas, além dos coletores terem cuidado de não esgotar a população". Porém, o mesmo possivelmente não venha a ocorrer com aqueles que buscam as cascas em quantidade, com fins comerciais,

(5) POTIER, Robson William. Sertão praticado, sertão representado: a caatinga como espaço de fartura ou de privação, de ficar ou depassar. Outros Tempos, v. 10, n. 15, 2013.

sem a preocupação com o desaparecimento das espécies de uso frequente pelas populações locais.

2.2. *PLANTA/NATUREZA NUMA BATALHA DE SOBREVIVÊNCIA EM MEIO À CAATINGA*

Importante salientarmos que a Caatinga tem uma diversidade florística alta para um bioma com uma restrição forte ao crescimento como a deficiência hídrica, como nos relata (SAMPAIO, 2010, p. 37):

> Áreas de caatingas típicas, em geral, têm menos de 50 espécies de arbustivas e arbóreas e igual número de herbáceas por hectare. Por outro lado, considerada como um bioma, com sua enorme extensão, pluralidade de topografias e solos e diversidade de condições de disponibilidade de água, tem ambientes muito distintos: de aquáticos a rupestres, de matas altas a campos abertos, incluindo encraves de matas úmidas e de cerrados.

A Caatinga, com seu chão poeirento e pedregoso, parece-nos estar ali, numa linguagem muda, mostrando ao sertanejo a arte da sobrevivência. Convivendo com os prolongados períodos de seca, esta caatinga, e as outras que se espalham pelo Nordeste, faz com que parte de sua vegetação perca as folhas, transformando-se numa floresta de galharia entrelaçada, esbranquiçada, cinzenta. Esta, todavia, uma das extraordinárias estratégias da natureza a fim de manter a caatinga sempre viva, visto que o cair das folhas, logo no início do período de seca, significa menos perdas hídricas, armazenando água em diferentes partes da planta, até a chegada das chuvas hibernais. E, ainda, favorecidas pelo clima, as folhas que caem passam por um processo de fenação, tornando-se alimento para os animais no período de seca (RIZZINI; MORS, 1976, p. 187).

A insuficiência hídrica é uma característica marcante dos solos sob fisionomia de caatinga em que as espécies vegetais estão condicionadas. Daí as adaptações com a formação de órgãos de reserva nas raízes (xilopódios), nos caules e arranjos anatômicos específicos nas folhas, modificações no metabolismo, todas visando um melhor aproveitamento da água retida.

O armazenamento de águas é típico em espécies lenhosas em alguns casos, como em barriguda (*Ceiba glazjovii* (Kuntze) K.Schum. — *Bombacaceae*), conhecida no Sudeste por paineira, retendo água em seu caule. Esta árvore tem tronco e galhos revestidos fartamente por acúleos (espinhos) em forma de funil, os dificultam a escalada de mamíferos e répteis, garantindo segurança às aves que fazem ninhos em sua copa. Sua característica mais notável é a parte bem saliente à meia-altura de seu tronco, lembrando uma barriga, podendo atingir 1,5 m de diâmetro, onde a água é armazenada.

Outro exemplo típico de reserva hídrica está no umbuzeiro (*Spondia tuberosa* L.) ou o híbrido natural entre *S. tuberosa* e *S. mombin* L. — *Anacardiaceae*), como corrência no Nordeste (JOLY, 1976, p. 422), perdendo as folhas em períodos de seca (SANTOS *et al.*, 2010) e vivendo por cerca de cemanos. As raízes superficiais possuem um órgão — túbera — ou batata, na linguagem popular, onde armazena água e substâncias nutritivas, garantindo a sobrevivência da planta. Seu fruto carnoso (FERRI *et al.*, 1971), de alto teor alimentício, é empregado pelo sertanejo na preparação de alimentos, visto amadurecerem no período de seca, quando é marcante a escassez de alimentos. Extraordinárias são as estratégias de adaptação desta árvore com o meio ambiente ao estabelecer essa associação entre ela e o sertanejo, na qual ambos são beneficiados (Veja Foto 6 ao final deste livro).

É saber notório que desde tempos remotos, entre as mais diferentes culturas, sempre que aparece uma doença ou desequilíbrio na fisiologia do organismo humano, tem-se recorrido às plantas medicinais. De maneira empírica, plantas de valor terapêutico têm solucionado problemas de saúde que atingem o homem, nas mais diferentes regiões do mundo. Na caatinga, área delimitada para o presente livro, não é diferente. Sem dúvida, a sabedoria popular relacionada às práticas médicas baseia-se, de modo geral, no conhecimento das plantas de poder curativo, a partir das experiências passadas de geração a geração entre as comunidades espalhadas por aquela área do Geopark Araripe.

Direta ou indiretamente, através da mídia ou da transmissão oral, o homem vai tomando conhecimento sobre as novas conquistas no campo da ciência e sobre as plantas medicinais que lhes são familiares.

2.3. *AS PLANTAS MEDICINAIS DAS CAATINGAS E AS CONQUISTAS CIENTÍFICAS*

Vem de anos, uma crescente busca por novas tecnologias de processo de extração de constituintes químicos vegetais, visando reduzir os impactos ambientais. No entanto, tais buscas já vêm de alguns séculos atrás. Foi a partir do século XVIII, quando tiveram início as buscas pela identificação dos agentes responsáveis pela ação medicinal presente nas plantas, postulando a existência de "princípios", os agentes ativos no tratamento de doenças (CARLINI *et al.*, 2007). Depois do isolamento de tais princípios ativos e da determinação de suas estruturas químicas para a produção de medicamentos sintéticos, as plantas passaram a ter uma importância secundária no mundo das Ciências Farmacêuticas, dominado pelos grandes laboratórios. Todavia, a partir de um interesse de ordem econômica, a produção de fitoterápicos é incentivada por órgãos estatais, visando atender aos programas determinados pelas Políticas Públicas de Saúde. Aí, então, elas retomam suas posições na tarefa de comporem, novamente, os medicamentos, porém, obedecendo aos princípios determinados pela própria ciência farmacêutica, vindo a fazerem parte do comércio lícito de remédios à base de plantas — os fitoterápicos — segundo ditam as normas cientificamente adequadas para tais produções.

Com o advento daquelas determinações, o homem passou a ter acesso aos medicamentos à base daquelas mesmas plantas suas conhecidas. Mas é um reconhecimento advindo do homem urbano e, então, perguntamos: e aquele que, vivendo em plena Caatinga, em sua pobreza plena e distante dos centros urbanos, usufrui dos mesmos privilégios daqueles citadinos bem informados, que têm no SUS um suporte certo? Mas, para consolo, estes têm à sua volta as cascas, as raízes, os frutos, as sementes e, eventualmente, se as chuvas permitirem, as folhas verdes que a mãe natureza lhe fornece. É ter tudo, certamente, reforçado pela crença na cura certa, advinda de esferas divinas, a fim de lhes dar, também, um suporte certo.

2.3.1. NOVAS CONQUISTAS APOIADAS EM DÁDIVAS DA NATUREZA

Complementando a tarefa de proteção da vegetação de Caatinga, como tratado anteriormente, a natureza, sempre mãe, faz desenvolver transformações bioquímicas no interior de cada planta, às quais se dão o nome de metabolismo primário e metabolismo secundário. Porém, sobre essas particularidades da natureza, cabe aos cientistas a tarefa de desvendá-las, como a seguir procuramos de forma sintética dar alguma explicação.

Em Valadares (2017, p. 17), citando Fumagali *et al.* (2008), o metabolismo primário compreende o conjunto de reações bioquímicas que ocorrem desempenhando uma função essencial no vegetal, tal como a fotossíntese. As plantas fotossintetizantes são aquelas que apresentam o pigmento clorofila, caracterizado pela cor verde, embora possam apresentar uma coloração que mascare a clorofila, devido à presença de outros pigmentos (COUTINHO, 1971, p. 63).

Os metabólitos secundários possuem papel contra a herbivoria, ataque de patógenos, competição entre plantas e atração de organismos benéficos como polinizadores, dispersores de semente e microrganismos simbiontes. Possui ainda ação protetora em relação a estresses abióticos, como aqueles associados com mudanças de temperatura, conteúdo de água, níveis de luz, exposição à radiação ultravioleta (UV) e deficiência de nutrientes minerais, conforme Valadares (2017, p. 16) citando Peres (2004) (Veja Foto 7 ao final deste livro).

2.3.1.1. PRINCÍPIO ATIVO

Com relação ao metabolismo secundário dos vegetais, o princípio ativo possui propriedades biológicas, sobretudo, medicinais, a partir de substâncias farmacológicas ativas, responsáveis pela ação terapêutica para diferentes males, podendo se concentrar em uma ou várias partes da planta, desempenhando múltiplas atividades: anti-inflamatória, anti-infecciosa, antissépticas, antioxidante, antipirética, cicatrizante, antinociceptivo, princípios ativos estes, muitas vezes concentrados numa mesma planta, conforme se constata em espécies arbóreas lenhosas da área de caatinga pesquisada, as quais relacionamos no final.

Dentre os princípios ativos estão: alcaloides; heterosídeos (Glicosídeos); terpenoides (óleos essenciais e saponinas); substâncias fenólicas (taninos e flavonoides) (SALATINO, 2014). Todos eles com as cores secundárias, assim como é possível misturar as primárias com as secundárias.

Em Salatino (2014), as cores são propiciadas por:

a. Antocianinas, flavonoides que dão cor a diversas partes das plantas, principalmente flores e frutos. Vão do vermelho ao azul e aos tons intermediários (roxo, lilás, púrpura).

b. Carotenoidessão de coloração amarela, alaranjadas e eventualmente vermelho.

Ex.: cenoura (*Daucus carota*).

c. Betacianinas — vermelho.

Ex.: beterraba (*Beta vulgaris*).

Não ficando só por aí, a natureza, sempre mãe, criou, também, as substâncias com odor, representadas pelos óleos essenciais, fazendo desprender de resinas, folhas e flóreos mais diversos aromas. Enfim, substâncias essenciais para o homem da caatinga, tanto para sua alimentação, como para seus remédios.

Quanto aos óleos essenciais, princípios ativos da classe dos terpenoides, mencionados anteriormente, estão presentes em muitas plantas medicinais e não há quem não os reconheça. Há, todavia, quem os considere a alma da planta e que, elaborado por ela mesma, vem a emprestar o aroma e o sabor pelos quais ela é reconhecida, como diz Grossman (2005). Há plantas cujo óleo essencial está concentrado nas folhas e que a um simples toque, ou sob o sol ardente, faz desprender seus aromas. Porém, o óleo essencial pode, também, estar em estruturas mais internas das plantas, necessitando de temperaturas mais elevadas para se desprender, como no caso do chá de canela. O aroma desprendido decorre de o óleo ser volátil, encerrando, também, propriedades medicinais, as quais são arrastadas pelo vapor desprendido quando na preparação dos chás medicinais. Está aí a razão de se aconselhar prepará-los com água fervente sobre as ervas, mantendo a vasilha tampada até o momento de ingeri-lo, visto tempo de descanso corresponde àquele em que está sendo extraído o princípio ativo contido na planta. A Aromoterapia, por exemplo, envolve técnicas de cura à base de plantas medicinais aromáticas. Seu valor medicinal já era conhecido de reis da Antiguidade, que as cultivavam em seus jardins. Na Mesopotâmia, entre os rios Eufrates e Tigre, e já conhecedor das técnicas de irrigação, Nabucodonosor (605 a.C.) mandou construir o famoso Jardim Suspenso da Babilônia. O mesmo foi edificado com tijolos cozidos, em terraços apoiados em colunas muito altas, onde plantou árvores, assim como espécies herbáceas, todas aromáticas, dada sua capacidade de provocar diferentes sensações.

PARTE 3

O SAGRADO NA EXPERIÊNCIA RELIGIOSA DO POVO DA CAATINGA DO GEOPARK ARARIPE

Para uma abordagem sobre a religiosidade reinante nessas terras de domínios do Padre Cícero, tal como percebemos, ao percorrer os caminhos que levam às cidades que o compõe, impossível não tocarmos nas sensações que nos invadem ao sentirmos estar pisando em chão sagrado.

Todavia, para entendermos os porquês do tamanho da religiosidade impregnada na alma sertaneja — homem da cidade ou das áreas, ora verdes ora cinzentas da caatinga, impossível, sem retrocedemos no tempo, indo buscar em padre Ibiapina — José Antônio Pereira Ibiapina (1806-1883) — os subsídios que necessitávamos a fim de entender o que víamos pelas ruas de Juazeiro do Norte, sem dúvida o centro desse universo sacralizado, onde, a todo momento, cruzamos com romeiros e beatos, estes em suas indumentárias próprias, transpondo a Colina do Horto com sua enorme estátua do Padre Cícero ou a outros locais também santificados da cidade.

3.1. PADRE IBIAPINA

Padre Ibiapina atuou no cenário nordestino exatamente entre 1856 e 1883, quando a miséria e o flagelo social ocasionado pelas sucessivas secas pelos sertões afora, provocou movimentos migratórios e o afluxo de miseráveis se concentrando nas cidades, significando ameaça social, como diz Bezerra (2010) numa sinopse de sua tese de doutorado. Segundo esta autora,

> [...] o contexto demandava a fundação de um novo estado de valores civilizadores, e reguladores, que deveria ser aplicado às camadas mais pobres, evitando-se, assim, a improdutividade, a ineficiência, a inutilidade, a imoralidade, adjetivos associados aos desocupados e ociosos e àqueles que não trabalhavam. [...]

A realidade política, econômica e social daquele período era marcado por um alheamento das ações políticas e governamentais que pouquíssima atenção era dispensada aos sertanejos do Nordeste.

O início das atividades religiosas de Ibiapina parecia denunciar o início de novos tempos, conforme Bezerra (2010, p. 52). Procurando difundir a importância da penitência, Padre Ibiapina reservava dias das missões para a procissão da penitência, "levando uns participantes ao arrependimento emocionado e outros ao horror diante dos gemidos e suspiros dos penitentes e da imagem da carne rompendo-se pelo suplício do açoite na autoflagelação" (RIBEIRO, 2003). Sacrifício que significava a renovação de um testemunho de fé, uma renovação que vinculava e reatualizava o comprometimento entre o devoto e a divindade. Era como salienta mesma autora acima, "libertar e renovar os laços de reciprocidade com o sagrado".

Ibiapina deixou transparecer aos sertanejos como sendo aquele que conhecia os desígnios de Deus, para com seu povo, garantindo-lhes com seu discurso a expectativa de garantir certa segurança sobre a vida do dia a dia, como relata Ribeiro (2003, p. 36).

Assim, Ibiapina, a partir de seu trabalho missionário, "criou uma vida religiosa a partir do sertão, com características sertanejas — não seria uma forma de oposição ou reação ao estilo romanizante que diferenciava as seguidoras de Ibiapina das irmãs trazidas pelos bispos romanizados pela Santa Sé". As sertanejas não adotariam a maneira de viver da Europa. Ao contrário, vivia-se uma vida religiosa voltada às necessidades do povo, visto a caridade falar mais alto, como diz Oliveira (2007, p. 59-74). Acrescenta este autor que Ibiapina tinha o Nordeste como seu espaço, onde a fome, a violência, as famílias desestruturadas pelos pais assassinados, a falta de água, de educação e de justiça, compunham um quadro homogêneo.

Em 1942, Celso Mariz, da Academia de Letras Paraibana, com base em farta documentação, discorre sobre a vida desse padre, em seu livro *Ibiapina — Um apóstolo do Nordeste*, permitindo-nos crer tratar-se de uma das obras mais completas sobre este padre e sua obra. Este autor relata em pormenores o que ele foi, anteriormente à sua vida de apóstolo, adiantando ter sido advogado, deputado e influente personagem no âmbito da jurisprudência. Desgostoso da vida pública que abraçara, busca no sacerdócio, cuja inclinação vinha desde a adolescência, o estado eclesiástico, entregando-se a essa prática, missionando pelos interiores do Nordeste, doutrinando, educando e criando estabelecimentos de caridade, entre outras obras.

Continuando em Mariz, a passagem de Ibiapina para a vida sacerdotal, aconselhado por amigos que conheciam seus pendores, a fim de se ordenar, se deu após decidir atendê-los e si próprio. Porém, o fez sem os exames necessários, pois com sua formação intelectual e moral e conhecedor do latim, julgava desnecessário. A princípio, essa condição foi impugnada pelo bispo, o qual acabou cedendo diante dos argumentos apresentados e "à perspectiva de um auxiliar de tal renome" (p. 54). Assim, lhe foi aberta a tonsura e entregue o hábito das ordens menores, trocando cargos de destaque dentro da Igreja, os quais poderiam vir a ocupar, para a vida livre que considerava mais penosa e de mais horizontes espirituais e sociais de missionário. Seus planos foram de viajar, doutrinar, curar, educar.

Para Mariz (p. 272), "o mais notável da vida de Ibiapina é que ela foi fundada na treva espessa do analfabetismo e da superstição sertaneja da 2ª metade do século XIX". Seus esforços pela instrução sertaneja na camada mais pobre das populações foi incomparável para a época. Segundo este autor, "muitos querem ver na obra anticlerical do Marques de Pombal, com a expulsão dos jesuítas, a origem da crise por que passou a Igreja Católica no Brasil, no fim do século XIX, admitindo-se, segundo uns, ser o regalismo[(6)] que desde então se criou e que vem ter influência decisiva na conduta do Primeiro Império, determinando leis contrárias à autoridade do papa. Quem determinava tudo era o Imperador, além de ter sido retirado o caráter religioso das Ordens e Congregações, permitindo, assim, (p. 150) o esmorecimento "no clero pelo gosto da evangelização e o exercício do magistério da palavra sagrada".

O período de Ibiapina era o de enfraquecimento do clero e da Igreja, não entrado, no entanto, em conflito com o Estado, como diz Mariz. Os bispos mais novos não tinham simpatia pela obra de Ibiapina e, assim, não procuraram reanimá-la, dando-lhes formas mais adequadas à organização da Igreja após sua morte, visto as comunidades criadas por Ibiapina não serem reconhecidas pela Santa Sé.

3.1.1. A OBRA DE IBIAPINA

Continuamos em Mariz (1942), por julgarmos, diante da exaustiva pesquisa bibliográfica encetada, a obra mais completa sobre Ibiapina e seus feitos.

(6) Doutrina que concedia aos reis o direito de interferência em questões religiosas (HOUAISS).

As cidades que compõem, hoje, o Geopark Araripe foram visitada por Ibiapina, onde ele deixou edificadas casas de caridade a partir de 1860, época em que começa a dar corpo aos rumos de sua ação, fundando em Barbalha uma casa de caridade, uma igreja e um cemitério, como fez em nos outros estados nordestinos por onde peregrinou. Eram construções, como diz Mariz, feitas em curto espaço de tempo, decorrente das inúmeras pessoas que iam se mobilizando, além dos recursos arrecadados. A casa de Barbalha foi construída em um mês. Também, em Caldas, onde iniciou e concluiu um açude em uma semana. Em Missão Velha, em 1968, criou a casa de caridade com uma "roda de expostos" ou enjeitados e pavilhão para hospital. Também agenciou asilos no Crato e Santana do Cariri.

Como diz Mariz,

> [...] nem é bom pensar o que eram as peregrinações de Ibiapina pelos vastos sertões calóricos. Mas a questão não era da possibilidade de viajar que esta se verifica através da geografia e da história, nas condições mais primitivas.
>
> O apóstolo se tornara, mesmo, um viajor assenhoreado dos roteiros, dos meios de transporte e dos costumes. Entretanto, são de se imaginar os sacrifícios de corpo e alma que lhe custavam as repetidas missões nos semidesertos das 5 províncias nordestinas.
>
> [...] Sessenta anos depois das primeiras arremetidas de Ibiapina, ainda era penoso viajar os sertões. [...] nas estradas grandes e nos caminhos de ligação intermunicípios, os ranchos separados de muitas léguas, não tinha conforto de qualquer espécie. Onde houvesse uma casa, havia agasalho bondoso [...] utilizava-se muita água de charco, lagoas enlameadas na última poça. [...] banho para a gente era ideia extravagante.
>
> [...] Ibiapina foi quem levou alento aos desvalidos e indefesos. Foi o homem mais acatado dos sertões e brejos (p. 144). [...] era homem das massas como apóstolo de uma religião e as turbas em desespero erguiam troféus a esta religião.

3.1.2. BEATOS DO PADRE IBIAPINA

Diz Mariz (p. 70) que Ibiapina atraiu devotos para si, os quais o seguiam, entregando sua alma a ele. Exemplo do Irmão Inácio — irmão leigo —, o beato que entregou a alma a Ibiapina. Fanatizado pela pessoa e obra do padre mestre, seguiu-o como servo nas viagens e missões, renunciando a tudo:

Vestindo-se com um camisão azul, descalço e sem chapéu, com uma cruz e os bentos pendurados, de andar mole e compassado, olhos fixos em alucinação melancólica, andava pelas vilas, nem sempre recebendo acolhida simpática, sobretudo dos meninos e moleques das ruas.

Assim, andava ele pelas vilas, como diz Mariz, acrescentando: "não se pode censurar Ibiapina de permitir a criação de tal tipo esquisito e fisicamente repugnante". Na verdade, tal repugnância decorria da falta total de cuidado com o corpo, pois estavam sempre sujos, com aspecto desagradável, como narra o autor.

Eis que veio a terrível seca de 1877 e que se seguiu até 79. "Carregava-se para a sepultura os cadáveres em multidão, mortos pela fome, miséria e desamparo; chorava o povo com fome descomposto em nudez" (p. 166).

Beato Inácio foi o ideal para representar a seca no Rio de Janeiro, enviado, em 1878, com autorização de Ibiapina. Lá, impressionando a Corte, fez chover esmolas, permitindo, assim, "socorrer os desvalidos, famintos, os mil órfãos das casas de caridade de Ibiapina", como diz Mariz (1942, p. 170): "O desgraço da fome se amenizou nos fins de 78, com os auxílios do Rio e os socorros do governo, que aliviaram o peso dos retirantes".

Segundo o autor acima, napágina174, as doações não provieram somente da corte, pois os paulistas contribuíram com grandes somas, tal como conta uma matéria publicada no jornal *A Província de São Paulo,* de 26 de outubro de 1878, hoje o jornal *O Estado de S. Paulo,* na primeira página:

> A missão do irmão Ignacio frutifica! Exclamam algumas [...] com o fim de auxiliar o padre Ibiapina em sua missão [...] Tem-se organizado récitas, theatros e subscripções pública, com o fim de auxiliar o padre Ibiapina em sua missão. [...] não poucas pessoas do Ceará que dão mais informações do padre Ibiapina, trazendo graves dúvidas sobre o estado de taes orphans. Tudo isto no caso de existirem, porque ninguem ainda garantiu tal fato. Faz-se estylo, recolhe-se esmolas, dão-se muito auxílio importante... a uma hipothese. É muito chic. Luis de Andrade.
>
> Todavia, as doações foram se seguindo, a exemplo de uma vinda da cidade de Santos SP, tal como registra *A Província de São Paulo* de 14 de dezembro de 1878: "O sr. Antonio Marcelino de Sant'Anna entregou ao sr. padre Barroso a quantia de 200$000 para ser remetida ao padre Ibiapina, sendo essa quantia produto de uma subscrição".

Lembramos que os beatos ajudavam na administração das casas de caridade e nos momentos de necessidade, mendigavam nas cidades ajuda para mantê-las (SILVA, 2011).

Os beatos nordestinos são entendidos como homens de fé. Eram aqueles que desenvolviam ações em benefício dos pobres, buscando proporcionar-lhes uma existência digna, uma terra fértil para cultivar, a utopia cristã, como diz Silva (2010). Como diz a autora, "os sertanejos nordestinos perseguiam o mito da terra prometida, onde haveria leite e cuscuz".

3.1.3. BEATOS CANGACEIROS

Em 1909, Xavier Oliveira escreve sobre o cangaço:

> Matar para roubar!...
>
> Se os senhores seus protetores raciocinassem um pouco sobre essas palavras, poderiam avaliar mais ou menos o que é um cangaceiro.
>
> Quantos ais, quantos suspiros magoados, não têm soltado as pobres viúvas à falta dos esposos queridos que os bandidos, mataram e roubaram!
>
> [...] Oh Cariri! Eu como filho que sou teu, quisera poder rasgar a negra mortalha em que te achas envolvido, a qual pouco a pouco, já te tem aniquilado moralmente.
>
> A lei não regula mais em ti; só o rifle é que faz e desfaz; governa quem tem cangaceiros, tem razão quem é valente, é cidadão quem assassina e assim vai tudo...
>
> [...] Ao teu governo compete perseguir esses bandidos que nefastam a maior parte da zona sul do Ceará, e não misturar com eles os seus soldados, não juntar os seus oficiais com esses cangaceiros chefes que, por desgraça, representam o Cariri civilmente. [...]

O texto transcrito anteriormente trata de palavras de um adolescente, como diz o próprio autor, atendendo à tarefa escolar de desenvolver um tema que lhe fora dada em aula de composição vernácula. Texto este, com o qual o autor inicia seu livro *Beatos e Cangaceiros,* publicado em 1920, trazendo como subtítulo: *História Psicológica de Alguns dos Mais Célebres Cangaceiros no Nordeste.*

> O papel sujo, gasto do tempo, ainda conserva, bem nítido, os traços fortes de seu lápis, na corrigenda do tema — O cangaço no Cariri —, para o aperfeiçoamento da frase, para a pureza da linguagem, para a formação do

estilo, da qual se encarregou seu antigo mestre, o Reverendo Esmeraldo do Colégio São José da cidade do Crato (p. 12).

O autor foi na região do Crato e Juazeiro, onde colheu o material sobre o livro *Beatos e Cangaceiros*. Na introdução está: "Causas gerais do banditismo no Nordeste: Analfabetismo — Ausência de justiça — Falta de trabalho e exiguidade de salário — Politicagem".

O autor dá destaque em seu texto à falta de justiça, dizendo:

> [...] um indivíduo, por uma razão qualquer, assassina outro. A família do morto, debalde espera da justiça o castigo do homicida. [...] um membro dela vinga-se mantando ou o próprio assassino ou a um seu parente. Foi o que sucedeu com Antônio Silvino. Mataram-lhe o pai, quando ele era ainda menino. Quando Silvino cresceu, vingou-se, matando-o a ele, o criminoso e a mais 4 irmãos seus. Depois correu o sertão durante 20 anos, espalhando o terror, desfiando os governos, roubando, saqueando o comércio (p. 22).

O mesmo ocorreu com Lampião, movido pela vingança por terem, também, matado seu pai, José Ferreira. Disse ele em uma entrevista em março de 1926, ao médico Otacílio Macedo, aproveitando a presença de Lampião em Juazeiro do Norte, quando diz: "resolvi fazer justiça pelas minha conta própria, vingando a morte de meu pai".

Xavier de Oliveira, em 1920, publica *Beatos e Cangaceiros,* dedicando um capítulo aos beatos no Juazeiro de Padre Cícero que um dia foram cangaceiros, época em que estava efervescente a atividade daqueles homens que faziam justiça com as próprias mãos.

Explicando quem é o beato, diz o autor na p. 39:

> [...] é um sujeito celibatário, que faz votos de castidade (real ou aparentemente), que não tem profissão, porque deixou de trabalhar e que vive da caridade dos bons e das explorações aos crentes. Passa o dia a rezar nas igrejas, a visitar os enfermos, a enterrar os mortos, a ensinar preceitos aos crédulos, tudo de acordo com os preceitos do catolicismo.
>
> Veste-se como frade, boina preta, uma cruz nas costas, um cordão de São Francisco na cintura, vários rosários, bentinhos de São Bento, saquinhos de breves religiosas e orações poderosas, tudo pendurado no pescoço. São geralmente vagabundos, hipócritas, delirantes religiosos ou bandidos.

3.1.3.1. *BEATO DA CRUZ*

Ao tratar do Beato da Cruz, Xavier de Oliveira não garante que ele tivesse sido cangaceiro. Apenas, como diziam os romeiros que o conheciam do Rio Grande do Norte, sua terra natal, que ele assassinou o pai, sem que se soubesse a razão: "Não usava arma nem fação, mas trazia um punhal sob a batina azul — se diferenciando dos demais beatos que usavam preto" (p. 40).

Segundo o autor, não deveria estar em seu livro *Beatos e Cangaceiros*, explicando: "Só o fiz para o fim de, com sua interessante figura de beato penitente, dar uma ideia exata e perfeita ao leitor do que vem a ser essa entidade exótica e singular, próprio do meio religioso, que é o Juazeiro do Padre Cícero".

Conta então que, em 1894, um rico fazendeiro do Rio Grande do Norte, de nome José da Cruz, como tantos outros romeiros, foi para pagar promessa que fizera para Nossa Senhora das Dores em Juazeiro do Norte, "padroeira do santo lugar e de Padre Cícero". Aí encontrou ambiente propício onde pudesse pôr em prática suas delirantes ideias de que já se achava possuído, o de ser penitente. "Assim, vestido de frade, a cruz no ombro, a rezar nas igrejas, a ler a bíblia e as histórias de santos, começou por querer imitar o Santo João Batista, sem dispensar nem mesmo seu cordeirinho manso, o animal sagrado dos israelitas".

O autor conta que, em uma ocasião, um delegado de Juazeiro mandou que dois guardas desenferrujassem seus facões nas costas do beato. Mas ele logo puxou seu "língua-de-peba" — punhal de dois gumes, estreito e longo — e com a cruz numa mão e com o punhal na outra, fez debandar os guardas que o queria surrar. "Uai... Uai... Uai... meu Pai. Perdoai-lhes que não sabem o que fazem — embainhando a arma terrível e em pranto, marchou, corcunda, cruz às costas, pelo beco da Velha Chica do Sobrado acima" (OLIVEIRA, 1920, p. 41).

Só de tempos em tempos o Beato ia a Juazeiro, pois fora obrigado a sair de lá, depois de uma rixa entre ele e os guardas que, conseguindo pegá-lo, deram-lhe uma sova:

> "Empanava o prestígio santo de todos os seus colegas de classe, exceção apenas do Beato Manoel Antônio da Taba Furada, bebedor de querosene [...] Mas ainda que distante do Centro, quando aparecia, era um sucesso."
>
> Além, atrás do Beato, vê-se um paredão. É o muro do Cemitério de Juazeiro. Foi lá que, em 1914, baixou o túmulo o corpo do célebre Beato e grande cangaceiro Ricardo e foi lá também que, há dois anos, teve sepultura o corpo inanimado do Beato da Cruz, o qual apenas matou o pai e com sua

> cruz numa mão e com seu punhal na outra, fez debandar em Juazeiro, um bando de guardas-locais (p. 46).

Além do Beato da Cruz, segundo Xavier de Oliveira, se destacam o Beato Vicente e o Beato Ricardo, incluídos no número dos famosos cangaceiros do Nordeste.

3.1.3.2. BEATO VICENTE

Conta Xavier de Oliveira (1920, p. 48) que:

> [...] uma vez, na casa do Revdo. Padre Luiz Maranhão de Lacerda, vigário de Milagres, num dia de 1910 eu lá estava, quando com surpresa para mim, porta a dentro, entrou ele cantando em voz sonora e em som de cantochão o seu bendito predileto:
>
> 1. Na quarta-feira maior
>
> 2. O Deus Jesus Cristo previa
>
> 3. Que na sexta-feira santa
>
> 4. Às três horas, ele morreria.
>
> 5. Depois de acolhido.
>
> Em seguida, disse-lhe o pároco que parasse de chorar e se sentasse para comer, apontando uma cadeira à mesa e o beato fez-nos companhia no ágape.

Segundo autor,

> [...] o beato Vicente ainda mora lá na serra do Horto, para os lados dos Carás, perto da casa de campo do Padre Cícero Romão. Em lugar da cruz, traz ao ombro um grande machado de lenhador, sua profissão, e vive a cortar madeira de lei para as construções daquele sacerdote, construções de casas, de capelas, de igrejas. [...] Branco e corado, sanguíneo, mesmo, olhos azuis [...] cego de um olho e faltando o grande dedo do pé direito.

Eu ainda era criança quando tive com ele essa conversa. Em sua terra, quando moço (ele é pernambucano de origem holandês), não sei e ninguém sabe que ele foi, o que fez. Não carregava cordão de São Francisco à cintura, como os outros beatos, nem bentinhos de São Bento.

Mas Romualdo seu colega de classe e seu amigo relaxado, debochado, casado, pai de filhos, muito lorofeiro e nada rezador, disse-me, certo dia, que Beato Vicente é o abra mais valente que há naquele Juazeiro de 50 mil habitantes. Para os outros, ele é um beato suspeito. Não vai à missa, não se confessa, quase não vai à igreja e só, raramente assiste a benção do Padre, a quem pouco procura.

Um dia, como conta o autor, aí por dezembro de 1913, da mata virgem, machado no ombro, cansado, noite limpa, vinha ele para seu rancho do Horto, rezando seu rosário, descuidado das misérias da terra e das maldades dos homens [...], no caminho alguém o interrompe para informá-lo de que o rabelo ia mandar atacar Juazeiro para crucificar padre Cícero, degolar a população e tocar fogo na cidade [...]. Depois, despedindo-se do romeiro:

> — Louvado seja Nosso Senhor Jesus Cristo!
>
> — Para sempre seja o Senhor louvado — respondeu o outro, separando-se...
>
> Seria possível/ imaginava ele — crucificar seu padrinho, degolar os seus romeiros e tocar fogo no seu Juazeiro?
>
> — Atirou o machado para um canto, foi na sua mala velha, tirou de lá um cano de ferro, uma corona de madeira, um fuzil de aço e uma pedra de fogo.
>
> Após tudo em seus lugares, armou o cão, fez um disparo e suspirou [...] encostou-o a um canto e dormiu tranquilo. Era seu bacamarte boca de sino.
>
> No dia seguinte junto aos romeiros, trabalhou dia e noite, durante uma semana no valado para defesa da cidade.
>
> O valado, a trincheira media 10 palmos de profundidade e doze de largura. São três léguas de valado. E cinquenta mil pessoas, homens, mulheres e meninos, fizeram em seis dias.
>
> Em 9.12.1913 as forças legais do governo ilegal do Sr. Franco Rabelo, com o pretexto de garantir a autoridade de um prefeito por ele nomeado, atacou Juazeiro com a força compostas de soldados e cangaceiros.
>
> Pela primeira vez o viram trocar seu machado por uma arma de jagunço.
>
> Perguntaram-lhe porque voltara a ser o que fora um dia.
>
> Vieram atacar minha casa, minha obrigação era defender-me — disse-me ele, explicando porque voltara a ser o que já fora um dia.

> De joelho em terra e um tiro monstruoso do seu bacamarte boca de sino carregado com pregos, de chifre de boi, de cera de vela benta e de contas de rosário, reboava medonho em toda cidade fazendo estremecer todas as casas e bater apressado todos os corações.
>
> Era o canhão de Rabelo, pensavam (...) construído em Fortaleza, assim como os canhões de Moreira Cezar, em Canudos, botar por terra as torres das igrejas de Juazeiro e até mesmo as colossais paredes de pedra e cal e de dez palmos de largura da Igreja do Horto, em construção ainda.
>
> Mas, para logo espalhou-se a nova: era o tiro do bacamarte do beato.
>
> Tal certeza que tinham que ele não gastava munição à toa e que, logo o ouviram, rezavam um Padre Nosso com uma Ave Maria, em intenção de alma de um que se ia desta para o outro mundo... Assim também, o beato após o tiro que tanto que punha o joelho no chão e apontava o bacamarte, já logo ia rezando as orações por alma do que se ia desta para a melhor...
>
> Um dia interroguei-o as respeito. Nada me quis dizer.

3.1.3.3. BEATO RICARDO

Segundo Xavier de Oliveira (1920: 63), entre os beatos de Juazeiro, Ricardo foi dos mais populares.

> Vagabundo, hipócrita, rezador, frequentador das igrejas e dos lugares santos, vestido de frade, sem chapéu, batina de algodão tinto de preto com semente de 'coração de negro' e lama de argila, cordão de São Francisco amarrado na cintura, uma dezena de rosários pendurados no pescoço, uma cruz negra de penitente ao ombro, tudo, ele tinha para ser o beato completo que, de fato, era.
>
> Não tinha o ar de doçura, de cordura e de santa ingenuidade [...] nem mesmo a fé, a crença do beato Elias, o gritador, um italiano filho de Roma e que é o superior da Ordem dos Penitentes do Juazeiro. [...] Mas, não sei por que, não inspirava confiança aos crentes do sexo masculino.
>
> Agora, o cangaceiro.
>
> Este sim, quem quer que o visse, havia de ver nele, na sua bravura, no seu desprezo à vida. Em poucos meses apenas, se transformou. É uma prova

cabal do quanto pode a hipocrisia quando ao serviço dos que verdadeiramente o são.

Fez de Ricardo um 'servo do Senhor' e, para logo, um símile de Satã: um beato de cruz nas costas e de seguir, um cangaceiro modelo, de rifle, pistola, punhal, facão, cabaça, patuá e matolão.

Conforme o autor, beato Ricardo era cantador de sentinela[7] aos defuntos de Juazeiro, acrescentado ser "o tipo mais bem acabado do jagunço feliz, visto que sua vida era ajudar morrer aqueles à beira da morte". Porém, o moribundo teria de ter mais de 7 anos, pois já era a idade, quando "começa a correr risco de errar o caminho do Paraíso, na viagem para o outro mundo".

Oliveira (p.66) descreve a morte de um romeiro de Juazeiro, a quem beato Ricardo atendeu na hora final.

> Jesus vem comigo diz o beato ao penetrar com ares de sacerdote, no leito de morte do velho Antônio Manoel. Ato contínuo deu-lhe a beijar a sua cruz de penitente, pôs-lhe diante dos olhos uma imagem de Jesus Crucificado que trazia ao pescoço, acendeu a vela benta e pos-lhe na mão direita. Era para iluminá-lo no caminho do Paraíso que prestes ia trilhar.
>
> — Jesus vem comigo. Jesus vai contigo e tu vais com Jesus.
>
> — Oh! Irmão! — Repetiu em voz penosa o beato, contrito, olhos semicerrados e de joelhos sobre a esteira de palha de carnaúba que servia de leito ao agonizante.
>
> — Jesus vai contigo e Nossa Mãe das Dores é tua guia até a porta de São Pedro, insistiu.
>
> Naquele instante, ouviram um estalido de pedra lançada no telhado do casebre. Então, uma jovem que estava presente para acompanhar o beato na cantoria da sentinela, foi dizendo: "É o esmolando (Satanás) de raiva por não poder fazer nada com a alma dele, por causa da presença do beato".
>
> Assim foi prosseguindo a sentinela, quando o autor perguntou: "para que toda essa cantilena? — 'Ora, irmãozinho, é pra Deus no Céu, ouvindo as súplicas dos fiéis na terra, perdoar os pecados da alma que pertenceu em vida àquele corpo velado".

(7) Sentinela são aqueles que guardam defunto até seu sepultamento.

> Adiante, da curva da rua, ainda ouvi perfeitamente a voz plagorosa do beato:
>
> Meu padim Ciço Romão
>
> É o rei do mundo inteiro
>
> Certo dia Beato Ricardo desapareceu.
>
> — Roubou uma moça e fugiu com ela, disse-me Beato Elias.
>
> — E já tinha deflorado mais quatro, acrescentou sorrindo o pândego Beato Romualdo.

Beato Ricardo foi para Lavras. "Até que um dia Calango, o célebre bandido que durante um ano inteiro trouxe àquele sertão em sobressalto, aparece a atacar a cidade". Foi a oportunidade que Ricardo encontrou para terminar a carreira de beato e tornar-se cangaceiro e, com "rifle, um saco de balas e um punhal, foi ao encontro de Calango, nesse tempo, o maior cangaceiro da região".

Xavier de Oliveira, em *Beatos e Cangaceiros*, relaciona outros tantos cangaceiros que circularam por aquelas bandas do Ceará naquele início do século XX. Admitia ele, como foi mencionado na introdução de seu livro, que as causas daquele banditismo que impera no Nordeste eram: analfabetismo; ausência de justiça; falta de trabalho; exiguidade de salário; politicagem.

> Resolverão este problema, que eu reputo nacional, governos dos Estados ou da República mandando os seus soldados da Polícia ou do Exército Nacional assassinar os enérgicos, valorosos, bravos e heroicos brasileiros dos Sertões? Jamais! Os exemplos que a história já nos fornece provam-no de sobejo.

3.1.4. PENITENTES

Todavia, conforme Oliveira (2007, p. 75), Ibiapina, atraído pela dimensão social da religião, percebido pelos indicadores sociais marcados pela pobreza e múltiplas necessidades do Nordeste de seu tempo, a religião pregada por ele era em sintonia com a prática comum à época, oferecendo castigo e penitência a quem fugisse à regra.

Baseada, ainda, na pesquisa cuidadosa de Josiane Maria de Castro Ribeiro (2003), como está em *Entre a penitência do corpo e o corpo em festa: uma análise das missões do padre Ibiapina no Ceará (1860 — 1883)*, recolhemos dados que, somados aos de Mariz, anteriormente transcritos e de outros autores ,nos permitiram montar ideais sobre o papel que esse padre representou na história da religiosidade na área geograficamente demarcada para a abordagem no presente livro.

A autora comenta que as missões de Ibiapina ocorreram em meio a um período onde a religião mediava a percepção da vida e dos conflitos experimentados pelos fiéis e, como diz a autora, foi a partir da crença que os sertanejos articulavam práticas concretas de negação e rebeldia, diante das arbitrariedades dos fazendeiros.

Ainda hoje, herança dos tempos de Ibiapina, existe a:

> [...] "ordem dos penitentes e a autoflagelação em nome de Deus, em Barbalha, CE, no sítio Cabaceiras, onde vivem os penitentes, homens e mulheres cantam para os mortos e sangram para Deus. Grupo criado em 1860. Prática que acontece principalmente no período de quaresma, quando os penitentes se açoitam com o chamado 'cacho de disciplina', repleto de lâminas que cortam as costas. Segundo o líder do grupo há, ainda, os castigos impostos a quem faz 'besteira', obrigando-o a carregar uma perar de 15 quilos até o cemitério e lá 'se ajoelhar em riba dela." (Veja Foto 8 ao final deste livro)

O botânico Freire Allemão, em 1859, ao passar por Crato, no Ceará, como consta de seus manuscritos, publicado pela Biblioteca Nacional, no Rio de Janeiro, em 1964, observou o comportamento religioso de indivíduos se autoflagelando, os chamados "penitentes", usando nessa prática lâminas de ferro que eram fundidas numa espécie de chicote.

Sobre aqueles penitentes, a revista *Região*, de 20.2.1972, traz uma matéria sobre a Seita dos Penitentes.

Segundo a reportagem de José Pinheiro de Almeida, recordando dados históricos:

> Em 1850 os sertões do Cariri foram alvoroçados pelas depredações dos "Serenos", exercitando o roubo. Eram companhias de penitentes que à noite, nas encruzilhadas ermas, em torno das cruzes misteriosas se agrupavam adoidadamente, numa agitação macabra, de flagelantes, impondo-se o cilício dos espinhos das urtigas e outros tratos de penitência.
>
> Ora, aqueles agitados saíram certo dia, repentinamente, da matriz do Crato, dispersos em desalinho — mulheres em pranto, homens apreensivos, crianças trementes — em procura dos flagícios, duramente impostos. Dentro da igreja, missionários recém-vindos, haviam profetizado o próximo fim do mundo. Deus o dissera em mau português, em mau italiano e em mau latim — estava farto dos desmandos da terra... Era fatal. Os instrutores do

crime foram afinal infelicitar outros lugares e a justiça a custo reprimiu o banditismo incipiente.

Continuando, a reportagem conta que:

> [...] todos se vestiam de vermelho com desenhos em amarelos e cruzes brancas. As reuniões podem ser no Finados ou na Semana Santa. Usam para se flagelar espécie de chicote com três ripas de couro cru, tendo em cada ponta uma lâmina de ferro pontiagudo. E os desvairos foram pelos sertões a fora, esmolando, chorando, rezando, numa mandria deprimente, e como a caridade pública não os podia satisfazer a todos, acabaram roubando [...]
>
> Era fatal e os instrutores do crime foram afinal infelicitar outros lugares e a justiça a custo reprimiu o banditismo incipiente.
>
> Vestiam todos, vermelho, com desenhos amarelos, com cruzes desenhadas e capuzes brancos. As reuniões podem ser em Finados ou na Semana Santa.
>
> Usam "cacho", espécie de chicote com três ripas de couro cru, tendo em cada ponta uma lâmina de ferro pontiagudo. Com este instrumento se autoflagelam, subindo e descendo ladeiras com velas e cânticos. Saem do cemitério. À frente do grupo segue o "Decurião" com o cruzeiro, todos descalços, terminando o percurso no local da partida.
>
> A finalidade desse ritual é em favor das almas pecadoras para redimir o mundo dos pecados.
>
> Em Juazeiro está um dos mais tradicionais grupos de penitentes do Cariri, em fase de extinção, depois da morte do Decurião José Alves de Jesus. Todas as mulheres do grupo levam o nome de Ave Maria de Jesus. Sua bíblia é a *Missão Abreviada.* O livro descreve a morte como uma sentença tenebrosa. "Tua alma entrará na porta da eternidade [...] a morte já está desembainhada, a tua hora se aproxima. Acreditam que Padre Cícero seja o filho de Deus desencarnado e o "Próprio Deus". O mestre Alves de Jesus acredita que o Cariri é a Terra Prometida por ser local onde viveu e pregou Padre Cícero. Usam na roupa o emblema: PMCF — Pai — Mãe — Céu — Fé."

3.1.5. MILAGRES DO PADRE IBIAPINA

Com o tempo foram conferindo a ele o caráter de santo e, assim, muitos casos de curas milagrosas foram sendo atribuídas a ele. O primeiro milagre teria ocorrido em

20 de junho de 1868, com uma aleijada impedida de andar, cujo remédio indicado por Ibiapina, foi banhar-se na nascente do rio Caldas. Tendo obtido a cura, espalhou-se o poder de cura daquelas águas, passando a ocorrer ali frequentes romarias. Assim, a fonte ao pé da serra se transformou em linfa curativa logo que Ibiapina para lá fez seguir aquela doente e lá se ergueu uma capela.

No Brasil, o banhar-se nas águas de uma fonte para a cura de "cobreiro", assim como outras doenças de pele, está presente em rezas adotadas por benzedeiras, tal como recolheu Silvio Romero no século XIX e Getúlio Cezar no Pernambuco em 1941, respectivamente, conforme está em Camargo (2014, p. 46-7):

> Pedro que tendes?
>
> Senhor, cobreiro.
>
> Pedro, curai.
>
> Senhor, com que?
>
> *Água das fontes.*
>
> Ervas dos montes.

Em Cezar (1941), em Pernambuco:

> Estava Santa Sofia atrás de uma pedra fria,
>
> Chegou Santa Pelonha e perguntou:
>
> Sofia com que se cura empinge,
>
> cobreiro brabo, ardor, fogo selvage,
>
> queimadura, sarna, comichão e quimô?
>
> Com *água da fonte* e ramo do monte,
>
> Assim curou a sagrada e sempre Virge Maria. Amém.

Este fato liga-se a supostos milagres de Padre Anchieta, no século XVI, quando recomendava aos doentes banhar-se em "águas da fonte", como narrou seu biógrafo Simão de Vasconcelos em 1672:

> [...] doença perigosa, que alguns chamam de S. Antão, outros de cobrelo, e vem a ser uma inflamação que nasce da parte do lado direito e vai lavrando

> para os ombros; e dai, em circuito do corpo, com tormento gravíssimo e de tal natureza que, se chegar a cingir todo o homem, ficam menos esperança de vida. Lidava o afligido irmão, com as dores, não havia consolação de remédio, recorreu a José, pediu-lhe fosse com ele dizer-lhe uma missa, à Nossa Senhora da Ajuda, santuário famoso, distante meia légua da Vila. [...] a manhã seguinte [...] disse a missa como prometera, mandou o irmão que fosse lavar-se com a "água fonte milagrosa", que ali está e, acabado de lavar-se (cousa maravilhosa!) de pronto ficou não só sem dor, mas sem sinal ou rasto do mal que o molestava., o que viram todos com seus olhos e louvaram Á Virgem e seu servo José. (VASCONCELOS, 1943, p. 17)

Eram os milagres que rompiam ou desviavam as regras e leis da existência diária e da natureza. Fatos com todas as características do impossível, realizava Mariz (1942).

Cada vez que Ibiapina dizia ter uma visão espiritual, bastava para essa expressão figurada gerar uma crença de iluminação e mistério. Outras vezes vinham da exclusiva origem da invenção e da fé popular (p. 92).

Ainda em Mariz (p. 120), em Barbalha, senhores de engenho em época de moagem não compareciam às missões, permanecendo no trabalho com seu pessoal. Assim, disse Ibiapina que "se calariam as moendas daqueles que faltavam por avareza. No outro dia, dois engenhos se quebraram, a moenda de um terceiro emperrou no fulcro, uma casa senhorial desapareceu em chamas".

PARTE 4

PADRE CÍCERO

Sem, dúvida, foi pelos caminhos por nós percorridos do semiárido cearense que percebemos e sentimos a religiosidade incorporada naquele povo devoto de Padre Cícero Romão Batista, grato pelos benefícios recebidos dele, devoção que, historicamente, teve início a partir de dois acontecimentos singulares: um sonho que tivera com Jesus falando a seus apóstolos enquanto atraia multidões de indivíduos esfarrapados, miseráveis. Jesus, naquele momento, dirigindo-se a ele, disse: "Você, Cícero, toma conta dessa gente" (NETO, 2009, p. 44).

Todavia, não encontramos dados precisos sobre a data em que ocorreu tal sonho, porém, podendo-se admitir teria sido entre 1871 e 1872, segundo fomos informados no Memorial Padre Cícero, em Juazeiro do Norte.

Outro acontecimento deu-se quando da transubstanciação da hóstia em sangue quando da comunhão que Padre Cícero dera à beata Maria de Araújo, ocorrido em 6 de março de 1889 (Enciclopédia dos Municípios, 1959), fato propalado por todos os cantos, admitindo-se como consumação de um milagre (DELLA CAVA, 1985, p. 45). Porém, foi fato que lhe rendeu dissabores, inclusive proibido por ordens superiores, de exercer o sacerdócio, além da excomunhão, cuja história foi tratada por vários autores.

Todavia, devemos recordar a influência das pregações de Ibiapina em Padre Cícero, assim como seu exemplo de serviço junto ao povo pobre e humilde do Cariri.

Tal influência foi relembrada em matéria publicada no *Diário do Nordeste*, em 2/1/2010, data comemorativa o 145º aniversário do início de sua ação missionária por aquela mesma região do Cariri, recordando que, por ocasião da Inauguração da Casa de Caridade de Missão Velha, estava presente Cícero Romão Batista, então com 20 anos de idade (Veja Foto 9 ao final deste livro).

4.1. A PERSONALIDADE DE PADRE CÍCERO SEGUNDO PESQUISADORES

Todavia, nos mantendo enquanto observadores dos cenários mágico-religiosos com os quais nos deparamos, ao transitarmos por diferentes cantos daquele Juazeiro repleto de carisma, não podemos nos furtar de transcrever as impressões expressas por pesquisadores, os quais investigaram os traços de personalidade de Padre Cícero, tal como o fez Magalhães (2012, p. 93) mencionando alguns autores que dedicaram suas obras às questões ligadas à Padre Cícero, mitificado por uns e desmitificado por outros. Sobre o texto do padre Azarias Sobreira (1969), segundo Braga (2008, p. 112):

> Um padre virtuoso no Ceará do final do século XIX não é exatamente o mesmo que ser um padre virtuoso no Brasil no início do século XXI. É necessário, portanto, pensar nas duas "virtudes", vinculando-as com o tempo e lugar dentro do qual elas existiram. Além disso, é preciso também considerar que as virtudes que lhe são atribuídas vinculam-se igualmente a sua prática sacerdotal. Afinal, o juízo de seus contemporâneos, muito provavelmente baseia-se numa avaliação dessa sua prática [...].

Anselmo (1968, p. 504), em *Padre Cícero — Mito e realidade*, obra de 584 páginas, o desmistifica: "Fosse o sacerdote um líder realmente no progresso e no bem estar de seu povo, como ainda afirmam certos autores, e Juazeiro não teria permanecido à frente das localidades mais atrasadas do Ceará".

Em outro momento, este autor admite que Padre Cícero estava mais preocupado com a manutenção do fanatismo religioso, consolidando a posição de líder dos coronéis sertanejos.

No entanto, como diz Magalhães (2012, p. 107):

> [...] a afirmação de Anselmo (1968, p. 504), pode ser referida às primeiras décadas do século XX, visto que Juazeiro tem sido a cidade que mais tem crescido desde a morte do Padre Cícero, com destaque para a educação,

com escolas e universidades, fazendo desta cidade a segunda do Ceará, perdendo só da capital Fortaleza, acrescentando, ainda, a autora acima que, com estranheza, deparou-se com os versos mistificadores com os quais Anselmo encerra seu livro:

O vento silenciou

O sol apagou a luz

imagem do Senhor

Chorou pregado na cruz.

A terra quase tremeu,

Sua morte parecia

Com a morte de Jesus.

Segundo Magalhães (2012, p. 110), em 1938, seis anos após a morte de Padre Cícero, o médico e político Fernandes Távora diagnosticou-o como paranoico. Baseou-se na observação de seu comportamento após transformação radical, por ocasião da desmitificação dos milagres da hóstia transformada em sangue, levando-o de uma vida de submissão e renúncia, à de revoltado, convencido de estar sendo perseguido.

No entanto, como está em Guimarães (2011, p. 10-15), o psiquiatra José Leite Maranhão refuta o diagnóstico de Fernandes Távora, considerando que Padre Cícero tinha personalidade normal e equilibrada, de poder de autocrítica e inteligência. Ele teria sido um ciclotímico impressionável, social, religioso e vaidoso.

Mas, nada do que já disseram ou possam ainda dizer atinge a multidão de fervorosos devotos de Padre Cícero. Esta é a realidade com a qual nos deparamos.

O poeta cordelista Martins de Athayde, lá pelos meados do século passado, soube traduzir em versos o que vai pela alma do sertanejo em sua fé e esperança depositada naquele padre santo:

Dizia em oração

Divino presbítero,

Santo padre Cícero: Tenha compaixão

De vosso sertão

Olhai para nós

Que sofrer atroz

Sem se guardar nada

De trouxa arrumada

Confiamos em vós

Se quiseres me ajudar

Que chova em janeiro,

Outra em fevereiro

E possa voltar

Não morra em caminho

Vou indo sozinho.

E rezo num dia

Dez Ave-Maria

Para meu padrinho.

4.2. O PERFIL POLÍTICO DE PADRE CÍCERO

Sem dúvida, Padre Cícero teve participação ativa em questões políticas no desenrolar de situações que afetavam a ordem social do povo do Cariri, aquela microrregião ao sul do Ceará, sem que, necessariamente, fosse um político. Sobre esta questão, dá seu parecer Ralph Della Cava, da Universidade de Columbia, especializado em estudos latino-americanos, o qual, instalando-se em Juazeiro a fim de levantar documentos inéditos, veio a produzir, em 1977, o livro *Milagre de Juazeiro,* retratando a trajetória desse padre, obra reeditada recentemente. Em entrevista para *O Globo,* retransmitido pelo Portal da escritora Elaine Elesbão, por ocasião do seu lançamento em 6 de junho de 2014, de sua reedição, comenta Della Cava:

> [...] a sociedade brasileira da época, em inícios do século XX e a imprensa sensacionalista que o projetaram como poderoso ator político, coisa que ele,

definitivamente não era. Seus atos políticos — como a defesa das minas de cobre locais, cujo lucro poderia sustentar uma diocese sediada em Juazeiro — tinham como objetivo conquistar a simpatia do Vaticano e o restabelecimento de seu direito de pregar, ouvir confissões e celebrar missa. E, longe de ser mo típico coronel do interior, protegido por lacaios armados, ele atuava com um conciliador nas disputas entre coronéis do Cariri.

Outro episódio que Padre Cícero teve participação efetiva foi por ocasião da Revolta de 1914 ou Sedição de Juazeiro, culminando com a derrota do governador do Ceará, Franco Rabelo. Foi este um episódio, o qual, segundo Della Cava, "consolidou a imagem de uma elite urbana e educada do litoral, em oposição aos coronéis retrógrados do interior e seus jagunços — imagem de duas sociedades apartadas, sendo que a segunda merecia ser destruída".

Sedição de Juazeiro foi um confronto entre as oligarquias cearenses e o governo federal, ocorrido no início de século XX. O conflito decorreu da posição do presidente Marechal Hermes da Fonseca que, para conter seus opositores, promoveu a intervenção federal nos estados, visando impedir que opositores fossem eleitos para o governo estadual. Padre Cícero, nesse cenário conflitante, desentendeu-se com Hermes da Fonseca, visto querer manter no poder regional a família Acioly, enquanto o poder central indicava para interventor Marcos Franco Rabelo, havendo eleição somente para vice-governador, cargo para o qual Padre Cícero foi eleito, acumulando o cargo de intendente de Juazeiro do Norte. Tal fato levou Franco Rabelo a uma perseguição a Padre Cícero. Esta situação levou o deputado federal Floro Bartolomeu, seu amigo pessoal, a montar um batalhão para defendê-lo, formado por jagunços e romeiros, visto que, naquela ocasião, Padre Cícero já era adorado pelo povo como santo e "fazedor de milagres". Assim, o confronto teve início quando os soldados do Interventor Franco Rabelo chegaram a Juazeiro para trucidar Padre Cícero e encontraram a cidade entrincheirada. Tal obra foi executada em uma semana, tão logo souberam do possível ataque. Cavaram um valado de nove quilômetros cercando a cidade, além de uma muralha de pedra na colina do Horto, a que deram o nome de Círculo da mãe de Deus, obrigando, com todo esse aparato, o recuo do batalhão invasor. Pedindo reforço para efetivar a destruição do "Círculo", foi enviado um canhão, mas este falhou e foram derrotados. Resumindo, o episódio culminou com a deposição de Franco Rabelo e a indicação para interventor de Fernando Setembrino de Carvalho até novas eleições, quando Benjamim Liberto Barroso foi eleito governador e, novamente, Padre Cícero no cargo de vice (NEVES, 1997).

Sobre a Revolta de 1914, também chamada Sedição de Juazeiro, há narrativas inusitadas de episódios que valem seu encaixe nesta parte do livro, recordando o que já fora dito anteriormente. Trata-se de uma narrativa constante do livro de Xavier

Oliveira, *Beatos e Cangaceiros*, trazendo como subtítulo: *História Psicológica de Alguns dos Mais Célebres Cangaceiros no Nordeste*, publicado em 1920, inspirado em um texto, o qual ele havia escrito em trabalho escolar quando ainda adolescente e aluno do Colégio São José, no Crato.

No livro de Xavier há comentário seu sobre os beatos, aquelas figuras seguidoras de Padre Ibiapina, com os quais, enquanto adolescente, cruzava frequentemente pelas ruas da cidade, mantendo com eles algum contato. Ao tratar do beato Vicente, que morava na serra do Horto, próximo ao sítio de Padre Cícero, para quem lenhava madeira para suas construções, segundo o autor, era "lorofeiro". Teve esse beato uma participação ativa durante a Revolta de 1914, na escavação do valado para proteger Padre Cícero. Quando teve notícia de que Rabelo já estava chegando para atacar Juazeiro, jogou seu machado de lado e correu para montar seu bacamarte guardado numa velha mala, enchendo-o de pregos, contas de rosário, enfim um monte de coisas e o testou, reboando "medonho". Na cidade, pensaram que fosse o canhão de Rabelo. Foi só susto quando souberam que era do bacamarte do Beato Vicente. Perguntaram-lhe porque voltara a ser o que fora um dia. Mas, nada respondeu.

4.2.1. PADRE CÍCERO SEGUNDO O BOTÂNICO ALEMÃO PHILIPP VON LUETZELBURG [1910]

Destacado pela Academia de Munique para estudar a flora do Brasil, veio este eminente botânico a aportar em terras brasílicas no ano de 1910.

Através de sua monumental obra *Estudo Botânico do Nordeste* em três volumes — edição *fac-similar* — sem data na ficha catalográfica, presumivelmente 1913, como consta da Introdução, data que adotamos nas citações a esta obra, por meio da qual nos foi possível conhecer mais um pouco sobre Padre Cícero.

Em sua passagem entre 1920 e 1921por Juazeiro, segundo ele a "Meca dos sertanejos, o romântico Joazeiro de Padre Cícero, que constitui cidade única em todo o Brasil e que a lenda teceu um histórico famoso", ali chegando por volta do meio-dia.

> Consta 45.000 habitantes, vindos de todas as regiões circunvizinhas, ou atraído das mais longínquas paragens pela força mística e religiosa que exerce o célebre rei do Sertão, o Padre Cícero Romão Batista, cuja influência, puramente individual, data de cerca de meio século, sobre os sertanejos do Nordeste e para onde se deslocam e ainda acodem os romeiros, edificando

> as suas moradas ao redor de Juazeiro, a fim de ficarem juntos ao ente que constitui para eles o "super-homem". (1913 v. 1: 58)

Luetzelburg comenta sobre a importância em conhecer e falar com Padre Cícero, guardando desse encontro, grata recordação.

> De faccto trata-se de um homem que dispõe de instrução e saber invulgares: aborda com igual facilidade a política e a história brasileira; tem conhecimentos profundos de história universal, ciências naturais, especialmente quanto á agricultura. Os institutos científicos deviam entrar em contato com aquele homem que dispõe de conhecimentos excepcionais, com relação à Paleontologia, Geografia e História, adquiridos, parte por observações e estudos pessoais, parte pelas indicações que colhe de seus inúmeros fieis e romeiros que, das paragens mais longínquas trazem ao "Padrinho" tudo aquilo que encontram de esquisito e extraordinário. [...] devo notar que tive a oportunidade de estudar a curiosa coleção do Padre Cícero, onde encontrei material preciosíssimo; portanto não se trata de contos fantásticos nem de lendas e sim de fatos verídicos, como demonstram as coleções do "Museu do Padre", onde encontramos ossadas de sauris, madeiras petrificadas curiosas, trabalhos artísticos manuais, minerais e documentos geológicos de todo o sertão. (1913, p. 59)

Sobre a cidade de Juazeiro diz:

> [...] é composta de moradores fixos e de "romeiros, isto é, arribados", comportando diversos grupos religiosos: os penitenciários, fanáticos, similares aos faquires hindus, que durante a Páscoa se disciplinam em sacrifício cruento; os beatos, os santos que distinguem pelo hábito de monge usado constantemente e finalmente os fiéis, que em devoção ingênua são os escravos incondicionais do chefe supremo. Entre os beatos, existem diversos que diariamente fazem penitência, dentre os quais se destaca beato Miguel que só é visto carregando uma cruz pesada no ombro. Porém, segundo o botânico, por detrás daquela imagem de beato, esconde aquele que, também, puxa sua faca para ferir alguém.

Luetzelburg encontrou Juazeiro envolta por 24 quilômetros de trincheira com 1,50 de profundidade, construída em 4 dias, "o que dá testemunho vivo da combatividade invulgar daquela gente, portanto, não seria de admirar que o Padre Cícero, com este prestígio, todo ele individual, pudesse, caso necessário, reunir em torno de si mais de 100.000 homens armados". Sobre esse prestígio, o botânico comenta sobre o conceito generalizado do povo brasileiro "de que o Padre Cícero exerce maléfica influência no povo nordestino; muito pelo contrário, devemos salientar as suas benéficas e desinteressadas obras humanitárias com relação ao povo que lhe é afeto, criado pela circunstância do meio em que nasceu e do qual nunca se separou, nem nas horas de maior angústia".

Os fatos narrados anteriormente ocorreram por ocasião da Sedição de Juazeiro, assunto já abordado antes e sobre o qual o ilustre botânico não teceu comentário.

4.3. *PADRE CÍCERO E AS ROMARIAS*

Ao percorrermos o Geopark Araripe, através das cidades que o compõe, foi-nos possível perceber a dimensão da idolatria por aquele padre santo, Cícero Romão Batista, notadamente na Colina do Horto, em Juazeiro do Norte (Veja Foto 10 ao final deste livro).

Pesquisa realizada no Horto de Juazeiro do Norte, visando um estudo de caráter quantitativo de natureza exploratória, constatou ser a cura de doenças o elemento predominante nos apelos junto ao Padre Cícero, visto que dos 20 informantes, 13 assim se declararam, considerando, ainda, a predominância de mulheres entre os entrevistados (BEZERRA *et al.* 2012).

4.3.1. ROMARIA AO CALDEIRÃO EM DOMÍNIOS DE PADRE CÍCERO

Damos destaque à romaria do Caldeirão, por termos tido a oportunidade de estarmos presentes, em setembro de 2011,a uma missa rezada em meio aos restos de ruína, onde, outrora, fora reduto de fiéis a Padre Cícero, liderado pelo beato José Lourenço, este, mal compreendido por lideranças políticas nos passados anos 30. Tratava-se de uma cerimônia que se repete todos os anos, naquele mês, em memória ao massacre dos remanescentes do Caldeirão, por meio de um bombardeio aéreo[8]

(8) Segundo consta, teria sido o primeiro bombardeio aéreo contra civis.

autorizado por órgãos federais, gravado para sempre na memória coletiva do povo do sertão.

Sem dúvida, é vasta a relação de obras que tratam do Caldeirão e seus protagonistas. Com base na pesquisa encetada, pudemos perceber o significado da romaria ao Caldeirão e quem foi o beato José Lourenço, tal como a seguir procuramos narrar sucintamente.

Nas imediações de Juazeiro, próximo à cidade do Crato, no Sítio Caldeirão dos Jesuítas, terras que foi do padre Cícero até sua morte, visto ter sido por ele doada em testamento à Ordem dos Salesianos, é lembrada a Romaria do Caldeirão (ARAÚJO, 2007)[(9)] , local onde existiu uma comunidade liderada pelo beato acima referido. Aquelas terras, tidas como improdutivas, foram logo transformadas em um povoado com toda sorte de melhorias e produção de tudo que garantia sua subsistência. Beato Lourenço passou a ser líder religioso da seita da Santa Cruz do Deserto, junto àquela comunidade, qual se desenvolvia em moldes socialistas. Seu lema era "trabalho — oração — penitência" como ordens do reduto. Como diz o autor acima, "com a revolta comunista de 1935, corriam suspeitas de existirem muitos comunistas infiltrados naquele reduto, sob a proteção do beato, travestidos de penitentes, para escaparem da perseguição política". As autoridades federais, advertidas pelo "perigo comunista que representava o ajuntamento do Caldeirão", foi determinada uma ação policial, em setembro de 1936, e, assim, o Governo resolve agir, visando dar cabo do reduto, mesmo tendo verificado que não se tratava de gente armada. Sabendo dos planos do governo, os espiões do beato, dispersos pelas cidades e imediações, detectaram logo cedo a aproximação da tropa, de forma a permitir que José Lourenço fugisse antes que os soldados chegassem. Mas aqueles que não conseguiram escapar foram todos encurralados num cercado e oferecido meios a quem desejasse retornar aos seus locais de origem, mas ninguém aceitou, para em seguida queimarem todas as casas.

Os que haviam fugido achavam-se acampados no sopé da Serra do Araripe, no lugar chamado Mata-Cavalos, área próxima à vila de Conceição, conforme está em Araújo (2007, p. 96), onde, liderados por Severino Tavares, tramaram uma emboscada para pegar o capitão José Bezerra, de quem pretendiam se vingar por ele ter matado, por exaustão, o cavalo Francelino de Beato Lourenço, quando da invasão do Caldeirão, e tirado seu couro. Bem-sucedida a emboscada, José Bezerra e seus

(9) São muitos os autores que já trataram do Caldeirão dos Jesuítas; todavia, em vista de ser nosso objetivo apenas abrir um espaço para mencioná-lo, enquanto no circuito de nossa andanças, enquanto "turista aprendiz", nos detemos no que nos conta Iaperi Araújo (2007), conforme consta da bibliografia no final.

soldados foram mortos em luta corpo a corpo. Finalmente, dado o fracasso por terra, para o extermínio daquele reduto de fanáticos, o chefe de polícia contou com a força aérea autorizada pelo Ministério da Guerra, para onde enviou três aviões, os quais, sobrevoando a área, metralharam os casebres, os quais foram incendiados pelos próprios fanáticos. Segundo dizem, 700 pessoas foram mortas.

Beato Lourenço e uns poucos seguidores retornaram ao Caldeirão destruído, onde permaneceram, até que precisaram entregar as terras aos salesianos, visto Padre Cícero já ter falecido. Beato e seu grupo se transferirem para Novo Exu, em Pernambuco, não longe de Juazeiro, vindo o beato a falecer em 12 de fevereiro de 1946. Segundo Araújo (2007, p. 99), seu corpo foi levado a pé até Juazeiro e enterrado na Capela do Socorro, ao lado do mausoléu do Padre Cícero.

Na verdade, os episódios de horror vividos no Caldeirão dos Jesuítas e em Mata Cavalos ocorreram num momento político que vivia o país, sob o regime do Estado Novo presidido por Getúlio Vargas. Episódios, os quais são relembrados em missa anual, em memória das vítimas do massacre, exatamente em solo onde um dia existiu o Caldeirão e, para o qual, acorrem romeiros de todos os cantos, em suas vestimentas, entre outras, lembrando vaqueiros e cangaceiros. Pisando aquele chão quando outrora fora um oásis em plena caatinga, foi-nos possível ir documentando em fotos o desenrolar da missa rezada em setembro daquele ano de 2011. Em determinado momento da celebração da missa, nuvens se formam no céu, chove e cai, sobre aquela gente sob o sol ardente, pisando um solo seco e poeirento comuns em período de seca. O Padre que oficiava a missa interrompeu-a, a fim de render graças por aquele momento inusitado (Veja Fotos 11, 12 e 13, ao final deste livro).

4.3.1.1. QUEM FOI BEATO JOSÉ LOURENÇO

Teve certa amplitude o papel que este beato representou a partir de suas atividades missioneiras ligadas ao célebre Caldeirão dos Jesuítas, como já tratado anteriormente, admitido pelos fiéis de Padre Cícero como seu seguidor.

Segundo Iaperi Araújo (2007, p. 87), em *O Caldeirão dos Jesuítas,* diz:

> Nos idos de 1897, nem bem o Padre Cícero chegara a Juazeiro, e a beata Maria de Araújo regurgitara sangue ao receber a comunhão, chegava, José Lourenço, paraibano de Pilão de Dentro, um homem simples, trabalhador e austero que arrendou o sítio Baixa d'Anta, junto ao Crato,

de José Brito, uma data de terra boa, mas improdutiva, na zona rural do povoado, logo o transformando-o num sítio muito bem cuidado e de muita produção.

Segundo este autor, por volta de 1913, Padre Cícero, sabendo da dedicação deste beato para com os penitentes que, ao passarem por ali pediam abrigo, "mandou para Baixa d'Anta, a fim de ser cuidado por José Lourenço, um boi zebu que recebera de presente". Por ter sido escolhido para cuidar do boi "Mansinho", o beato passou a ser conhecido como o homem de confiança de Padre Cícero. Cuidado com esmero, o boizinho passou a ser visitado pelos romeiros, principalmente por saberem ser do padre Cícero. Quando de volta das peregrinações a Juazeiro, os romeiros paravam no sítio do beato José Lourenço para agradecer a hospedagem, aproveitando para fazer um agrado no boi Mansinho, resultando, com o tempo, em romarias ao boi do padre Cícero, ajoelhando e rezando diante do animal. Alguns romeiros chegavam a colher a urina, fezes e raspas dos chifres e cascos do animal como amuletos e material para chás para curarem doenças. Acusado por estar incitando ao culto fanático do boi milagroso, foi determinada a apreensão do animal, seu sacrifício e a prisão do Beato José Lourenço, obrigado, também, a comer da carne do boi sacrificado, o que recusou a fazer.

Solto, a pedido de Padre Cícero, José Lourenço retornou ao sítio Baixa D'Anta, onde permaneceu até a retomada do sítio por seu proprietário, o qual resolveu ele mesmo cuidar da propriedade, segundo está em Araújo (2007, p. 89). Foi a partir daí que teve início a formação da comunidade do Caldeirão dos Jesuítas, área de propriedade de Padre Cícero, há 20 quilômetros da cidade do Crato. Ali, o beato Lourenço fez desenvolver um verdadeiro oásis, com a ajuda dos romeiros que foram chegando àquela caatinga inóspita, criando açudes, desenvolvendo lavouras para a subsistência da população que foi crescendo, até mesmo com a criação de gado, tornando-se autossuficiente em tudo, até com a cultura do algodão para a vestimenta preta de todos.

Importante, todavia, é destacar a prevalência do "discurso da salvação" pregado pelos seguidores do beato Lourenço, em nome do padre Cícero, em detrimento a outras causas do fanatismo religioso em torno das romarias, ao suplantar causas como: a seca e a estrema pobreza vivida por aqueles que migravam para a terra prometida — o Caldeirão —, como está em Camargo (2014, p. 172), citando Silva (2009), em sua tese de doutoramento, denotando que a resignação pelos sofrimentos que a extrema pobreza proporcionava tem como recompensa a salvação.

Esta é uma postura que se coaduna com outros exemplos na história da religiosidade no Brasil, própria do discurso do catolicismo, já pregado pelos jesuítas, nos começos do Brasil, apontando a ponte de salvação, como já visto, retrocedendo na história dos jesuítas do século XVI, o já, então venerado em vida, padre Anchieta, cuja vida de milagres foi detalhadamente biografada por Padre Simão de Vasconcelos em 1672[10].

(10) *Vide* referências bibliográficas.

PARTE 5

Homem/Natureza/Crença

5.1. O SERTANEJO E SUA RELIGIOSIDADE ENQUANTO PARTÍCIPE DESSA TRÍPLICE ALIANÇA NA BATALHA PELA SOBREVIVÊNCIA

A Caatinga, em sua batalha rotineira para sobreviver às intempéries que lhes são impostas, tem no sertanejo seu companheiro. Este que, à sua maneira, também procura sobrevier às dificuldades de toda ordem, as quais, de certa forma, também lhe são impostas pelas adversidades da vida de homem pobre, vivendo como pode, no usufruir daquilo que a natureza lhe oferece e da religiosidade que o conforta. Este, porém, é o sertanejo de hoje. Perguntamos: será diferente daquele de outros tempos e onde estariam as diferenças? Para uma resposta a essa pergunta, sugiro que acompanhemos o que nos conta Philipp von Luetzelburg (1922-1923, p. 105-108), que viera para o Brasil procedente de Munique, na Alemanha, em fins de 1910, com intuito de estudar a flora brasileira, como já mencionando anteriormente. Como botânico, na condição de fitogeógrafo, foi incumbido de estudar as regiões assoladas pelas secas do Nordeste. Em sua importante obra, *Estudo botânico do Nordeste*, em dois volumes, ele procura traçar um pequeno esboço psicológico do sertanejo em sua ligação íntima com a natureza que o envolve, assim dizendo:

O sertanejo ou o matuto acha-se intimamente integrado à flora e fauna do Nordeste. Este tipo tão tenaz quão resistente, das paragens ingratas do Nordeste brasileiro, com o qual convivi durante um decurso de dez anos, com o qual compartilhei os maus e bons dias, que sempre me auxiliou com os íntimos recursos ao seu alcance, não devo deixar de mencionar carinhosamente neste meu despretensioso trabalho.

[...] O sertanejo vive em constante luta com a natureza que o circunda; suporta longos períodos de escassez d'água para a subsistência de sua família e de seu gado; suporta com resignação as chuvas calamitosas que importam em enchentes duradouras e durante este espaço de tempo, os seus escassos mantimentos mofam ou desaparecem e as suas plantações se extinguem. Estes contratempos contínuos o tornaram tenaz, resistente e de índole áspera.

[....] A habilidade é o dom inventivo, na falta de maquinismos, tornou-se uma das principais qualidades do sertanejo, aproveitando o que lhe oferece a flora, fauna e em geral toda a natureza ambiente.

[...] O vaqueiro, fiel e submisso ao seu senhor, vaqueja o gado disperso na interminável caatinga. Em mísera choupana vive no seio de sua grande prole, obtendo subsistência minguada dos produtos que seu trabalho insano consegue arrancar do solo ingrato. Solitário e sombrio percorre nos arreios a caatinga espinhenta à busca do gado, abre cacimbas, corta cactáceas proporcionando alimento ao gado, procura as crias e as marca para seu amo, das quais um quarto lhe pertence, em pagamento de seus salários. O restante de que necessita deverá procurar obter no sertão."

Sua resistência física impressionou o cientista alemão. Os anos de convivência com o sertanejo em meio àquele ambiente de sertão dominado pelo coronelismo autoritário, onde desavenças se resolviam na violência. Deixou-lhe na lembrança o papel do "positivo", aquele que servia a seu patrão, desenvolvendo tarefas muitas vezes penosas, como, por exemplo, a de estafeta. Cumprindo ordens para entrega urgente de correspondências ou recados, levava-o a desenvolver "longas e penosas marchas, exposto ao calor e às chuvas, acompanhados de seu burrinho magro".

O positivo toma sua bolsa de couro com pouco mantimento, uma cuia para apanhar água, calça as alpercatas e entra na escuridão da noite. Trinta e duas léguas devem ser vencidas! Através de caatingas secas, trilhadas e espinhentas de areais e pedras, sem água. Quando amanhecia o quarto dia ele voltava à fazenda do seu patrão [...] Um abraço e uma xícara de café foram os sinais de gratidão do patrão para esse feito colossal [...]. (p. 105-108)

5.2. *A CRENÇA ARTICULADA COMO ELEMENTO FÉ NO PERFIL RELIGIOSO DO HOMEM DO SERTÃO*

Como temos presenciado em nossas idas a Juazeiro, lá são vistos em espaços públicos, romeiros deixando externar sua fé nos poderes de Padre Cícero de realizar milagres, muitas vezes em práticas penitenciais, como se movendo de joelhos, carregando cruzes ou trajando vestes que os identificam como beatos ou penitentes. Na verdade, nos faz evidenciar estarem emprestando seus corpos para, numa linguagem muda, externar apelos em momentos de crise existencial, movida por doenças ou outros problemas que atormentam suas vidas. A penitência, como ato, a fim de se redimir de pecados cometidos, certamente, compreende o primeiro passo para alcançar curas, para si próprio ou para alguém a ele ligado que, impedidos de realizarem a penitência, o fazem em seu lugar. O merecimento de uma graça vai depender do perdão concedido. E a cura concedida é traduzida nos ex-votos levados ao Horto. São as representações da parte do corpo curado, se não preparados pelo penitente, podem ser os mesmos adquiridos no próprio Horto através do comércio ali existente (Veja Fotos 14 e 15, ao final deste livro).

Enquanto reparação de um insulto a Deus, a penitência nos moldes em que assistimos hoje em dia, principalmente em romarias a lugares santos e como ocorria nos tempos de Ibiapina, remonta a períodos medievais, ligado à mística judaica, já de influência cristã, quando havia os "livros penitenciais", conforme diz Scholen (1972, p. 105). São estas práticas penitenciais, possivelmente, resquícios, ainda, da obra anticlerical do Marques de Pombal, com a expulsão dos jesuítas, no século XVIII, desencadeando a crise por que passou a Igreja Católica no Brasil em fins do século XIX que, segundo uns, teria sido o "regalismo[11] determinando leis contrárias à autoridade do Papa, quando as Ordens Religiosas e Congregações perdiam o caráter religioso". Esta era a maneira de ser do Estado, dando força ao trabalho de leigos nas funções exercidas por ordens orientadas por Roma.

Esta foi exatamente a situação que reinou durante o período dos trabalhos missioneiros do Padre Ibiapina, tratado anteriormente, quando criou uma vida religiosa a partir do sertão, com feição sertaneja. Na verdade, não teria ele o intuito de se posicionar contra as determinações de Roma, mas adequar às condições locais. Desenvolveu-se através das seguidoras de Ibiapina um tipo de vida religiosa bem

(11) Doutrina que concedia aos reis o direito de interferência em questões religiosas.

diferente das irmãs de vivência europeia trazidas por bispos. As sertanejas viviam a vida religiosa nas casas de caridade criadas por Ibiapina, voltadas às necessidades do povo, onde reinava a fome, a violência, falta de água, de educação e de justiça, compondo um quadro homogêneo, como narra Oliveira (2007, p. 59-74), mencionado anteriormente. Eram as beatas leigas, casta de mulheres em seus trajes próprios, que ainda existem neste Nordeste de hoje.

Conhecemos a Sala de Milagres do Horto, em tempos em que os mesmos eram ali colocados pelos próprios romeiros. Era como se estivessem marcando território naquele espaço sagrado reservado pela igreja, enquanto guardiã das representações simbólicas, das partes do corpo atingidas por algum mal, cujas curas eram atribuídas àquele Padre santo. Desde tempos muito antigos, já se dedicavam espaços para ex-votos. Os gregos já os preparavam, dedicando-os ao seu deus Asclepíades, aquele que os romanos chamavam de Esculápio.

Importante são as declarações da cônega Annete Dumoulin, da Universidade de Louvain, na Bélgica, especialista em psicologia da religião, segundo reportagem em *Cariri Revista* 2012. Visando descobrir como nasciam as lideranças religiosas nos meios populares, dedicou-se, com sua companheira Terezinha, da mesma Universidade, à pastoral com os romeiros de Juazeiro do Norte.

Diz ela:

> Negar-se a perceber a riqueza simbólica e de fé por trás de pessoas tão simples vem de total inabilidade de olhar o outro e vê-lo como um igual, como sujeito carregado de sabedoria. A grande tentação do ser humano é se achar melhor que o outro, como se o outro devesse ser eliminado, dominado, transformado. A solução é se reconhecer na alteridade, mas isso requer humildade. É esta a filosofia da complementaridade de considerar o outro não como meu contrário, mas, como riqueza.

Continua a cônega: "Os intelectuais não entendem o universo simbólico e ritualístico dos romeiros. Você já pensou por que o romeiro, quando chega a Juazeiro, não entra correndo na Matriz? Por que ele vai ao Horto e dá voltas ao redor da estátua?".

Prosseguindo, pergunta Annette:

> Você já ouviu falar em Caaba, a pedra em torno da qual os islâmicos dão sete voltas? Pois é. Acontece o mesmo em relação à estátua do Horto. Isto chama-se circumambulação e está presente em várias culturas. O romeiro faz circumambulação para definir o seu espaço sagrado. É como se dissesse: cheguei! É um lugar sacralizado pela maneira do romeiro viver a espacialidade mística.

5.2.1. A COMPREENSÃO DA REALIDADE VIVENCIADA PELO ROMEIRO

Para podermos compreender e explicar os procedimentos dos romeiros, procurando no cumprimento de suas promessas externar em espaços públicos suas súplicas a Padre Cícero por curas ou externar sua gratidão por graças concedidas, é preciso que admitamos, primeiramente, a natureza sacral[12] da explicação daquela vivência, nas circunstâncias em que se apresentam. Vivência resultante de seu apelo àquele Padre santo, somado aos diferentes recursos de que dispõe em meio àquele sertão onde vivem: consultas às benzedeiras, criaturas generosas em seu dom de agraciar com bênçãos aqueles que as procuram e a farmácia viva de que dispõe naquela caatinga, com suas plantas medicinais, dádiva da natureza, com as quais são preparados os remédios, muitas vezes trazendo junto àqueles a venda no comércio o nome de Padre Cícero. Segundo Maria Araújo Ferrer, cicerone desta autora pelos caminhos do Geopark Araripe, geógrafa e membro da equipe de preservação do meio ambiente do Instituto Chico Mendes na cidade do Crato, só no sítio de Macaúba, na Chapada do Araripe, localizou 20 benzedeiras, deduzindo-se daí a importância de seu papel na vida daquela comunidade (Veja Foto 16, ao final deste livro).

O caminhar penitencial do romeiro elevando suas preces a um universo sacralizado, que, não existindo no concreto, crê existir e existe, herança de seu grupo familiar, social e religioso (CAMARGO, 2005/2006), podemos entendê-lo como se estivesse indo ao encontro de Padre Cícero, naquele campo sagrado do Horto. Para Andrade (2013, p. 64): "Peregrinação, romaria pressupõe o andar sagrado, o caminhar sacrificial, o caminhar penitente em direção ao santuário".

O "sentir-se curado", tal como o almejado pelo romeiro, entendemo-lo como o estado ideal a proporcionar ao agraciado uma satisfação interior de grande intensidade. Satisfação sempre renovada em novos apelos, toda vez que necessários, levando o romeiro a estar repetidas vezes em Juazeiro, onde crê estar aquele Padre santo sempre de mãos estendidas para socorrê-lo.

Está, assim, na tríplice aliança — *Homem* — *Natureza* — *Crença* — tudo que faz nutrir no espírito do sertanejo a vontade de viver.

(12) Termo não dicionarizado, tomado emprestado de Cândido Procópio de Camargo em *Kardecismo e Umbanda* (*vide* bibliografia).

PARTE 6

Espécies Arbóreas Medicinais na Caatinga do Geopark Araripe

Desde nossas primeiras andanças pelas regiões do Geopark Araripe, vimos desenvolvendo uma pesquisa de campo voltada à Etnofarmacobotânica e bibliográfica sobre as espécies medicinais de uso mais frequentes, segundo os informantes, tanto em meio rural como urbano com os quais mantivemos contato. Nessa busca, percebemos a predominância das espécies lenhosas, de onde aproveitam as cascas, entrecascas, raízes, sementes e frutos, de cujos dados recolhidos resultaram na seleção de 21 espécies, as quais são relacionadas a seguir, acompanhadas das informações por nós obtidas na pesquisa de campo e bibliográfica. O propósito da inclusão, neste livro, de tais espécies medicinais compreende a homenagem que prestamos ao povo da caatinga, aqueles que nos receberam de braços abertos, aqueles que vivem naquele pedaço do Ceará que tanto nos deu prazer percorrer e fazer contatos. São estes que, muitas vezes vimos, em sua pobreza, habitando casas, muitas vezes de pau-a-pique, em meio ao quase nada, revirando pedaços do chão seco e poeirento para, ali, tentar cultivar algo que pudesse servir de alimentação, se a chuva que tanto se esperam os ajudasse. Porém, nos tem causado temor a eminência do total desparecimento dessa caatinga, visto o avançado processo de desertificação que vem ocorrendo com os sucessivos desmatamentos (Veja Foto 17, ao final deste livro).

Mas, caso seus rogos sejam ouvidos e a chuva lhes fizer visita, possivelmente, retirem daquele plantio alguma coisa para sua alimentação. Sabe ele, porém, que aquele pedaço de chão desmatado, um dia, encontrará com outros tantos também desmatados e, com o tempo, tudo será deserto? Que acesso à informação teria esse sertanejo sobre as restrições quanto ao manejo daquele solo?

Citamos ainda, preocupados com o futuro da Caatinga, o "desparecimento de espécies nativas, a exemplo do "juazeiro (*Zyziphus joazeiro*), espécie que se apresenta isolada dentro e fora das matas xerófilas, espalhando-se pelos pés de serra, nas capoeiras degradadas e ao longo das divisórias feitas de madeira, de preferência protegida do alcance dos rebanhos de gado vacum", como diz Tigre (1970). A regeneração natural dessa espécie não é mais difundida, porque desde que desabrocha sua semente, a nova mudinha é perseguida pelas criações. "Os grandes rebanhos já não a poupam como arbusto ou árvore em desenvolvimento" (CARVALHO, 2007 — EMBRAPA FLORESTA). Estariam cometendo um pecado? Talvez, se soubessem o que nos disse sobre o juazeiro uma benzedeira isolada em sua casinha num canto da caatinga daquela área percorrida. Contou-nos que foi à sombra do juazeiro que Padre Cícero descansou durante sua caminhada da cidade do Crato até Juazeiro. Esta é a razão de ser a mesma uma árvore sagrada e que, por não perderem as folhas durante o período de estiagem, abriga do sol ardente o caminhante que por ela passa (Veja Foto 18, ao final deste livro).

As perguntas que deixamos logo acima e os comentários de Carvalho vêm a concordar com o que, anos antes, diziam Ullisses P. Albuquerque e Laise de Holanda Cavalcanti (2002), citando Jansen (1997), sobre os rebanhos percorrendo e devastando a vegetação nativa acrescentado que: "Algumas políticas públicas e programas destinados à região são insuficientes e, muitas vezes, inconsistente, pois derivam de um pobre conhecimento sobre os recursos e sobre a complexidade da relação pessoas/ambiente, dentro do ecossistema mais ameaçado do planeta".

Caatinga, termo de origem indígena Tupi-guarani, significando "floresta branca", apareceu há cerca de 140 milhões de anos, já tendo sofrido alterações nos 400 anos de exploração predatória, gerando em certas áreas, o processo de desertificação, possivelmente irreversível, como dizem Castro e Cavalcante (2011, p. 140).

Pareceu-nos não existir uma lista completa para as espécies da caatinga, encontradas nas suas mais diferentes situações climáticas: agreste, sertão, cariri, seridó, carrasco, entre outros. Em trabalhos qualitativos e quantitativos sobre a flora e vegetação da caatinga, foram registradas cerca de 596 espécies arbóreas e arbustivas, sendo 180 endêmicas. Possivelmente, o número de espécies da caatinga tende a aumentar se considerarmos as herbáceas. As famílias mais frequentes são **Caesalpinaceae,**

Mimosaceae, Euphorbiaceae, Fabaceae e Cactaceae, sendo os gêneros *Senna, Mimosa e Pithecellobium* os com maior números de espécies. A catingueira (*Caesalpinia pyramidalis* Tul.), as juremas (*Mimosa spp.*) e os marmeleiros (*Croton spp.*) são as plantas mais abundantes na maioria dos trabalhos de levantamento realizados em área de caatinga diz Oliveira [s. d.].

Porém, esclarecemos, ainda, que:

> [...] na região da Chapada do Araripe existem duas unidades de conservação de uso sustentável, a Área de Proteção Ambiental da Chapada do Araripe (APA) e a Floresta Nacional Araripe-Apodi (Flona Araripe). Esta última representa um enclave de cerrado no bioma Caatinga, abrigando a única área disjunta de cerrado do estado do Ceará. (COSTA *et al.*, 2004; RIBEIRO-SILVA *et al.*, 2012)

Selecionamos para o presente livro as espécies arbóreas lenhosas, visto estarem as mesmas disponíveis o ano todo, em períodos de chuva e de seca, não só em seus *habitats* naturais, como em feiras livres e mercados das cidades que compõem o Geopark Araripe.

Enquanto um trabalho voltado à Etnofarmacobotânica, nos fascinou verificar que espécies da caatinga que ora vimos a conhecer já tenha sido mencionadas por cientistas viajantes, os quais em tempos passados trataram delas, fornecendo-nos conhecimentos de grande valia, os quais complementam o que nós, hoje, observamos sobre as mesmas.

A seguir, as espécies selecionadas, sobre as quais chamamos a atenção para as três primeiras árvores relacionadas, considerando-as símbolos da Caatinga, encabeçando outras tantas, amigas e parceiras dos sertanejos na batalha pela sobrevivência, nessa farmácia viva da Caatinga desse canto do Ceará.

Abrimos essa relação de plantas com a jurema, visto ter sido ela a primeira espécie coletada por esta autora nos idos dos anos 70 e identificada em Mossoró (RN) pelo então Prof. Dr. Dárdamo A. Lima, em 1975, quando iniciava minhas peregrinações por este Nordeste repleto de tanta beleza e, sobretudo, tão brasileiro.

6.1. JUREMA

Veja Foto 19, ao final deste livro.

Sinonímia vulgar: jurema-preta, espinheiro, espinheiro-preto, laranjinha

Nome Científico: *Mimosa tenuiflora* (Willd.) Poir.

Família: Fabaceae

Parte usada: casca do caule

Descrição: Árvore de 5 a 7 m de altura, arbustiva com hastes de mais de 1,5 m de altura, ramificação abundante, casca rugosa fendida longitudinalmente (BEZERRA *et al.*, 2008).

Ocorrência: Segundo Lemos *et al.*, 2002, p. 452; Silva (2012), esta espécie demonstrou uma aparente distribuição disjunta entre regiões geograficamente distantes na América do Sul. Segundo os autores, através das informações das etiquetas das exsicatas pesquisadas, verificou-se tratar de espécies encontradas em diferentes áreas de vegetação de caatinga, no Piauí, Ceará, Rio Grande do Norte, Paraíba, Pernambuco, Sergipe e Bahia.

Em 1782, Francisco Antônio de Sampaio, em sua obra *História dos Reinos Vegetal, Animal e Mineral do Brasil pertencente à Medicina*, refere-se à jurema usada como antídoto do veneno da mandioca, assim se referindo: "Introduzindo-se-lhe pela boca humas porçoens do cozimento da casca da jurema se livra da morte que proximamente o ameaça" (1969, p. 62).

Os índios ensinaram colonos portugueses e negros os segredos da preparação de beberagens à base de plantas com propriedades inebriantes, usadas em seus rituais. Assim, do contato dos índios com os colonos portugueses e negros, surgiu a figura do caboclo, entidade espiritual, mestre do além, respeitado por seus poderes de cura nas reuniões de catimbó, pajelança, ritos de origem essencialmente indígena. Paulatinamente, o introduziram nos rituais de origem e influência africana, onde os "caboclos" passaram a ser homenageados em cerimônias a eles dedicadas, conhecidas por "festa de caboclo", em candomblé e umbanda, sempre com a presença do "vinho da jurema" (CAMARGO, 2013, 2014).

Vale lembrar que são conhecidas, hoje, várias espécies botânicas que levam o nome jurema, devido ao fato da grande penetração desta bebida em rituais afro-brasileiros em todo o país e à não ocorrência da espécie *Mimosa tenuiflora* em regiões que não sejam o Nordeste, onde é nativa. Albuquerque (1997, p. 139) relaciona 19 espécies conhecidas por jurema. Este mesmo autor (1974, p. 124), em pesquisa entre índios xucuru, remanescentes cariri, da Serra Ororubá, em Pernambuco, encontrou a preparação de um hidromel, *veuêka*, fortificado em cascas de jurema (*Mimosa tenuiflora*). Segundo o autor, trata-se da mesma planta usada pelos Pancararu de Tacaratu, no Pernambuco, na preparação do ajucá, o mesmo que o *vinho da jurema*, usados, hoje, enquanto bebida ritual, em diferentes sistemas de crença afro-brasileiras e afroindígenas.

Composição química de atividade farmacológica: Os extratos de casca, cerne e folha de jurema-preta apresentaram resultado positivo para a presença de flavonoides, antocianinas, antocianidinas, bem como a presença de leucoantocianidinas, catequinas e flavonas, cujo resultado negativo foi observado apenas no extrato da folha da jurema-preta. A indicação da presença de flavonóis, flavanonas, flavanonóis e xantonas como também esteroides e triterpenoides foi observada nos extratos etanólicos da jurema-preta *Mimosa tenuiflora* (Wild.) Poired. A presença de saponinas foi confirmada nos extratos etanólicos de casca e cerne de jurema-preta, pelo colarinho de espuma formado ao se agitar a solução. O resultado do extrato das folhas de jurema-preta foi negativo para a presença de saponinas. Alguns trabalhos confirmam a presença de saponinas no caule de jurema-preta, como o de Rivera-Arce *et al.* (2007), que isolaram e caracterizaram, por meio de HPLC (*High Performance Liquid Cromatography*), três saponinas identificadas como Mimonosídeos A, B e C da casca do caule de *M. tenuiflora*. A presença de alcaloides foi confirmada apenas no extrato etanólico da casca do caule de jurema-preta. Trabalhos realizados com extratos do pó da casca do caule de jurema-preta confirmam a presença de alcaloides nessa parte da planta. De acordo com Souza *et al.* (2008), dois alcaloides foram isolados da casca do caule de *M. tenuiflora*: 5-hydroxi-triptamina e N, N-dimetiltriptamina (BEZERRA; RODRIGUES; COSTA *et al.*, 2011).

Foi Oswaldo Gonçalves de Lima (1946, p. 77) quem primeiro determinou o alcaloide nigerina desta espécie botânica e iniciou a experimentação em animais através de injeção hipodérmica, com descrição de seus efeitos, citando, inclusive, a ingestão de 0,040 mg por parte de um dos companheiros de pesquisa, que experimentou a sensação de exacerbação auditiva, náuseas ligeiras, sintomas respiratórios, fenômenos que desapareceram em 45 minutos.

Posteriormente, seguiram-se estudos sobre as atividades farmacológicas da *Mimosa tenuiflora*. A presença de alcaloides foi confirmada apenas no extrato etanólico da casca do caule de jurema-preta. Trabalhos realizados com extratos do pó da casca do caule confirmam a presença de alcaloides nessa parte da planta. De acordo com Souza *et al.* (2008), dois alcaloides foram isolados da casca do caule de *M. tenuiflora*: 5-hydroxi-triptamina e N, N-dimetiltriptamina" — DMT (BEZERRA; RODRIGUES; COSTA *et al.*, 2011).

A triptamina DMT tem ação no sistema nervoso central, no metabolismo das funções psíquicas (LEWIS; ELVIN LEWIS, 1977, p. 400-5). Como presente na bebida ritual "vinho da jurema", vários estudos foram realizados sobre os efeitos causados pela ingestão de tal vinho, admitindo-se, a princípio, que não teria efeito central quando de uso oral. Porém, segundo Vepsäläinen *et al.* (2005), foi determinado um novo componente o yuremamine, inibidor da enzima Monoaminooxidase MAO, facilitando a atividade central da DMT, via oral, ao admitir que o vinho da jurema tenha, realmente, ação no sistema nervoso central.

Uso na medicina popular: As pesquisas com informantes, incluindo benzedeiras, apontaram a predominância do uso tópico da casca do caule como cicatrizante, a qual, reduzida a pó, é empregada em queimaduras e outros problemas dermatológicos, assim como mascar a casca em ferimento na boca. Em úlcera e feridas em geral, usam o cozimento das cascas em banhos, assim como bochechos ou gargarejos nas afecções da boca e garganta.

6.2. *UMBUZEIRO*

Sinonímia vulgar: umbu (do tupi-guarani: y-mb-u = árvore que dá de beber), imbu; cajá, umbu-cajá, umbu-cajazeira, mirobalona.

Nome científico: (*Spondias tuberosa* Arruda) ou o híbrido natural entre *S. tuberosa* e *S. mombin* L. conhecida por cajá.

Família: Anacardiaceae.

Descrição: Planta arbórea, xerófila[13] (SANTOS *et al.*, 2010). Árvore de 10 a 15 metros de altura, vivendo mais ou menos 100 anos. As raízes superficiais possuem um órgão — túbera — ou batata, conhecida por xilopódio = órgão subterrâneo lignificado (lígnina = substância que impregna a parede de certos tecidos muito resistentes a agentes químicos e a micro-organismos e armazena água. O fruto é uma drupa (fruto simples, com uma única semente) carnosa (FERRI *et al.*, 1971). Os mecanismos de adaptação no semiárido (fechamento dos estômatos, estruturas na epiderme dos órgãos aéreos — folhas) constituído de duas células, entre as quais fica uma abertura por onde ocorrem as trocas gasosas entre a planta e o meio ambiente. Segundo Brito (2013), esse mecanismo de adaptação permite que o umbuzeiro sobreviva no semiárido, formando xilopódios, túberas ou batatas em suas raízes, constituídos de substâncias nu-

(13) Que perde as folhas no início da estiagem.

tritivas: água e sais minerais, o que garante a sobrevivência da planta durante o longo período de estiagem.

Umbu-cajazeira é um híbrido disseminado pelo Nordeste (MARTINS; MELO).

Ocorrência: Nordeste (JOLY, 1976:422). Nativo da caatinga (RIZZINI; MORS, 1976, p. 183).

Vale aqui, transcrever o que Gabriel Soares de Souza em 1587 dissera sobre o umbuzeiro em seu *Tratado Descritivo do Brasil*, conforme está em Braga (2001, p. 260):

> Umbu é uma árvore pouco alegre à vista, áspera de madeira, e com espinhos como romeira, e do seu tamanho, a qual tem folha miúda. Dá esta árvore flores brancas, e o fruto, do mesmo nome, do tamanho e feição das ameixas brancas, e tem a mesma cor e sabor, e o caroço maior. Dá-se esta fruta ordinariamente pelo sertão, no mato que se chama Catinga, que está pelo menos afastado vinte léguas do mar, que é terra seca, de pouca água onde a natureza criou a estas árvores para remédio da sede que os índios por ali passam. Esta árvore lança das raízes naturais outras raízes tamanhas e da feição de botijas, outras maiores e menores, redondas e compridas como batatas, e acham-se algumas afastadas da árvore cinquenta e sessenta passos, e outras muito ao perto. E, para o gentio saber onde estas raízes estão, anda batendo com um pau pelo chão, por cujo tom o conhece, onde cava e tira as raízes de três a quatro palmos de alto, e outras se acham à flor da terra, as quais se tira uma casca parda que tem, como a dos inhames, e ficam alvíssimas e brandas como maçãs de côco; cujo sabor é muito doce, e tão sumarento que se desfaz na boca tudo em água frigidíssima e mui desencalmada; com o que a gente que anda pelo sertão mata a sede onde não acha água para beber, e mata a fome comendo esta raiz, o que é muito sadia e não faz nunca mal a ninguém que comesse muito dela. Destas árvores há já algumas nas fazendas dos portugueses, que nasceram dos caroços dos ambus, onde dão o mesmo fruto e raízes.

Em 1648, Guilherme Piso (1948, p. 415), em sua *História Natural do Brasil Ilustrada*, durante o período da presença dos holandeses no nordeste brasileiro, apresenta como sinonímia para essa planta: acajá, ibametera, fazendo referência, ainda, à ambuzada como uma bebida com propriedade febrífuga. Jorge Marcgrave (1942, p. 108) [1648], seu companheiro, ao comentar sobre essa planta, refere-se ao "joa umbu" a que Alberto J. de Sampaio, do Museu Nacional do Rio de Janeiro, em comentário daquela obra, a identifica como *Spondias tuberosa* ao referir-se à existência de uma outra espécie de umbu, cujas raízes fornecem água, tal como comentou Gabriel Soares de Sousa cerca de um século antes.

Em 1782, Francisco Antônio de Sampaio (1971, p. 33), médico português, teria preparado o 1º tomo de sua obra *História dos Reinos Vegetal, Animal e Meniral do Brazil pertencente à medicina*, onde traz a descrição de várias plantas e suas propriedades, inclusive trata da cajazeira, incluindo-a no rol das plantas adstringentes com seu "bom efeito em diarreyas, emorrhagias, e outras enfermidades em que os adstringente se fazem precizos".

Em 1873, Theodoro Langgaard (1873, p. 336) divulgava os valores das cascas dessa árvore, principalmente as dos ramos novos, pelas características de aromáticas e adstringentes.

Sua infusão ou cozimento usado interna e externamente em gargarejos, fomentações, colírios, loções, etc., contra diarreia, disenteria, blenorragia uretral e palpebral, e úlceras da garganta. Esta espécie produz nas raízes, tubérculos doces, semelhantes às batatas, que contém um líquido aquoso desalterante, que se dá aos doentes de febres para refresca.

Segundo o autor acima, Karl Friedeich Philipp von Martius, no século XIX, precisamente em 1844, que, de passagem pela Bahia e Pernambuco, observou o preparo de uma sobremesa deliciosa feita com o suco dos frutos, leite e açúcar, a que chamavam de embusada.

Em 1859, o botânico Freire Alemão de Cisneiros (1964, p. 322) viu cajazeiras ao percorrer regiões do Ceará.

> Composição química e atividade farmacológica: Frutos ricos em vitamina C e sais minerais: cálcio, potássio e magnésio. As túberas apresentam em seu interior: água, mucilagem, glicose, tanino, amido, sais minerais (RIZZINI; MORS, 1976, p. 183). Proteína, lipídios totais, açúcares, vitamina C, fósforo, cálcio, potássio, sódio, ferro (SANTOS *et al.*; 2010: 1097). Óleo essencial (BRITO, 2010). É uma fonte de vitamina C de que dispõe a população nos trechos mais agrestes da zona semiárida nordestina (BRAGA, 2001)

Os compostos fenólicos presentes estão relacionados à redução do risco de várias doenças. Dentre as frutas estudadas, as polpas de cajá (*Spondias mombin*) presentaram maior concentração de compostos fenólicos, ou seja, atividade antioxidante bastante significativa (REZENDE *et al.*, [s.d.]). Rizzini e Mors (1976, p. 183) comentam que as raízes mais grossas dão origem a grandes tubérculos macios e cheios de água potável e que os nativos sabem achá-los e bebem o líquido após expressão. Também usado os frutos como alimento para refogar carnes, conforme informantes.

> Usos na medicina popular: Conforme informantes, os frutos são usados na alimentação, cozido ao leite e *in natura*. A água resultante do cozimento das batatas de umbu é usada como vermífugo e como antidiarreica.

6.3. *JUAZEIRO*

Sinonímia vulgar: juá, laranja-de-vaqueiro

Nome científico: *Zizyphus joazeiro* Mart

Família: Rhamnaceae

Descrição: Árvore de porte mediano, alta, às vezes, de tronco reto ou tortuoso, armado de fortes espinhos, com ramos flexuosos, subdivididos, pubescentes ou não, que frequentemente se espalham a partir da base do caule. Folhas alternas, pecioladas, elítica, coriáceas, verde-luzentes, serreadas na base, com 3-5 nervuras inferiormente pubescentes. Flores pequenas, amarelo-esverdeadas, reunidas em inflorescências cimosas. Drupa globosa, amarelada, com 1 caroço grande, envolto em polpa mucilaginosa, doce, branca (BRAGA, 2001:280).

Ocorrência: Bioma caatinga (Embrapa)

Juazeiro do Norte (CE) tem à frente à Igreja Matriz, um juazeiro cantado em prosa e verso, e no cancioneiro popular, por ser o único da espécie que não tem um só espinho. Diz a tradição popular que o tal juazeiro teria sido plantado por Padre Cícero Romão Batista, que ao plantar a árvore sentenciara que por um milagre de Deus, ela não teria espinhos. Segundo os céticos, o Padre Cícero era aficionado por genética e seria o precursor em melhoramento (CARVALHO, 2007).

Composição química e atividades farmacológicas: O fruto encerra vitamina C e as cascas apresentam saponinas (BRAGA, 2001, p. 282). Das cascas foram isolados o ácido betulínico, o alcaloide ciclopeptídico amfibina-D, aglicona jubogenina. Por hidrólise ácida das saponinas, a aglicona jurubogenina sofre rearranjos originando a pseudoaglicona, denominada ebelin-lactona (TRIGUEIRO *et al.;* 1980; HIGUCHI *et al.* 1984).

De atividade antibacteriana (SILVA *et al.*, 2011; SOUSA *et al.*, 1991). Cavalcante (2010), ao avaliar patógenos da cavidade bucal, observou a atividade do extrato etanólico da casca do Juá frente à *Staphilococus mutans,* bactéria encontrada na boca, causadora de carie dentária. Tal resultado vem a atestar a validade do uso do juá na higiene bucal, usada popularmente. As cascas concentram saponinas e são usadas como dentifrício, assim como é estomacal e a infusão das folhas é estomacal (BRAGA, 2001, p. 282).

Usos na medicina popular: É comum a indicação da raspa do caule usada como dentifrício para combater cáries, assim como friccionada na cabeça para a eliminação de caspa. Também foi frequente a indicação da infusão ou decocção em dores abdominais — dores de barriga.

6.4. *QUIXABEIRA*

Sinonímia vulgar: quixaba-preta, rompe-gibão, pau-de-rato, sapotiaba, sacutiaba

Nome científico: *Sideroxylon obtusifolium* (Humb. ex Roem. & Schult.) T. D. Penn

Família: Sapotaceae

Descrição: Árvore de 10 a 15 metros de altura. Fortes espinhos, ramosíssima, com a ponta dos galhos espinhosos pendentes. Folhas alternas, simples, inteiras, cariáceas. Flores perfumadas e pequenas. Bagas roxo-escura, quase negra, e adocicada quando madura. Frutos comestíveis (BRAGA, 2001, p. 385). Fruto carnoso róseo-escuro, quase negro (DINIZ *et al.*, p. 109)

Ocorrência: Cresce nas várzeas e baixios frescos. Do Piauí até norte de Minas Gerais (BRAGA, 2001: 385).

Composição química e atividade farmacológica: O perfil fitoquímico de *S. obtusifolium* não diferiu entre indivíduos jovens e adultos, no caule jovem e nas folhas maduras. Foram observados flavonoides, protoantocianidinas condensadas e leucoantocianidinas, triterpenos, esteroides e açúcares (SILVA, 2008). Análises fitoquímicas de sua casca isolaram triterpenos (taraxerona, taraxerol e iritridiol), ácido triterpênico (ácido bássico) e esteroides (LORENZI; MATOS, 2008).

Estudos comprovaram o efeito antioxidante e captura de radicais livres *in vitro* do extrato das cascas de *S. obtusifolium* (DESMARCHELIER, 1999). Estudos com ratos visando validar as propriedades atribuídas pela medicina tradicional concluíram que possui propriedades anti-inflamatórias e hipoglicemiantes. Adicionalmente, o extrato etanólico usado alterou a tolerância à glucose, aumentou a absorção da glucose nos músculos esqueléticos e inibiu significativamente a glicogenólise no fígado (LORENZI; MATOS, 2008).

O extrato aquoso e etanólico da quixabeira apresentaram atividades antiedematogênica, antinociceptiva e anti-inflamatória em testes experimentais em ratos, conforme seu uso popular no tratamento de edema e dores provenientes de doenças inflamatórias (BISPO *et al.*, 2000; ARAÚJO-NETO *et al.*, 2010).Pesquisas científicas demonstraram, ainda, a capacidade do extrato desta planta na redução de lesões ulcerativas, com efeitos na proteção da mucosa gástrica, através da atividade gastroprotetora (RIBEIRO *et al.*, 2012). Neste sentido, em Castejon (2011) e em Carvalho *et al.* (2001), há referência à presença de tanino, auxiliando no processo de cura de lesões ulcerativas e erosivas no trato gastrointestinal. Testes em laboratório apontam nas folhas e nas cascas atividade antioxidante, anti-inflamatória e anti-hiperálgica, com possíveis indicações no tratamento da pancreatite (SANTANA, 2011). No efeito das frações derivadas de *B sartorum* sobre a viabilidade celular das linhagens de câncer de pulmão, a fração em diclorometano apresentou maior capacidade inibitória do que as demais frações, inibindo até 84,3% (A549) e 85,6% (H460) da viabilidade das células tumorais na concentração de 250 µg/ml. As frações testadas não demonstraram toxicidade significativa para células normais, exceto o precipitado, que inibiu 37% da viabilidade celular quando testado a 500 µg/ml. Ao contrário, o extrato metanólico e a fração em acetato de etila apresentaram em todas as concentrações a capacidade de estimular o crescimento dos linfócitos, o que pode sugerir uma ação imunoestimulante nessas amostras (RUELA *et al.*, [s.d]).

Usos na medicina popular: Os dados obtidos em pesquisa de campo apontam o predomínio do uso das cascas e entre cascas paradiferentes fins: problemas gastrointestinais e ginecológicos, de uso interno e tópico em diferentes tipos de inflamação, assim como cicatrizante de ferimentos. Empregada, ainda, em sangramentos, dores em geral, úlcera estomacal, gastrite, inflamações crônicas, problemas renais e cardíacos.

6.5. CATINGUEIRA

Sinonímia vulgar: catingueira, pau-de-rato, catinga-de-porco

Nome científico: *Caesalpinia pyramidalis* Tul

Família: Fabaceae

Descrição: Árvore até 4 metros de altura, folhas pinadas, flores amarelas em racemos, fruto, vagem achatada de cor escura (MATOS, 1987, p. 94); flores amarelas dispostas em racemos pouco maiores ou tão longos quanto às folhas e vagem de cor escura (BRAGA, 2001, p. 168).

Ocorrência: Árvore endêmica do Nordeste brasileiro. Característica das caatingas, desde o Piauí até a Bahia, inclusive Mato Grosso (BRAGA, 2001, p. 168).

Composição química e atividades farmacológicas: Estudos das folhas e caule de *C. pyramidalis* revelaram a presença de esteroides, triterpenos, fenilpropanoides, flavonoides e biflavonoides. No extrato da casca da raiz foi caracterizado o flavonoide acacetina (OLIVEIRA *et al.* [s.d]). Espécies pertencentes à família Leguminosae têm apresentado atividades anti-inflamatória e antinociceptiva, como é o caso da *Caesalpinia pyramidalis* pela presença detaninos, flavonoides e saponinas (SANTOS, 2010).

Planta, bastante conhecida por quem circula pela caatinga, cuja casca apresenta grande concentração de tanino, de propriedade anticéptica e cicatrizante (CARVALHO *et al.*, 2001). Pesquisas científicas demonstraram a capacidade do extrato desta planta na redução de lesões ulcerativas, com efeitos na proteção da mucosa gástrica, através da atividade gastroprotetora (RIBEIRO *et al.*, 2012). Em Castejon (2011) e em Carvalho (2001), há referência à atividade antioxidante atribuída à presença de tanino, auxiliando no processo de cura de lesões ulcerativas e erosivas no trato gastrointestinal. Testes em laboratório apontam nas folhas e nas cascas atividade antioxidante, anti-inflamatória e anti-hiperálgica, com possíveis indicações no tratamento da pancreatite (SANTANA, 2011). Em Santos *et al.* (2011), *Caesalpinia pyramidalis* Tul, apresenta atividade anti-inflamatória e antinociceptiva.

Usos na medicina popular: folhas, flores e cascas são usadas em problemas estomacais, respiratórios e intestinais, assim como anti-inflamatória.

6.6. ANGICO

Sinonímia vulgar: paricá

Nome científico: *Anadenanthera colubrina* (Vell.) Brenan

Família: Fabaceae

Descrição: Árvore podendo alcançar de 6 a 18 m de altura, apresentando casca grossa com acúleos (espinhos) e folhas em pequenos folíolos (CASTRO; CAVALCANTE, 2011)

Ocorrência: de ampla distribuição pelas caatingas em geral.

Os índios usam as sementes torradas e reduzidas a pó, como rapé estupefaciente, visto terem como componente ativo o alcaloide bufotenina (RIZINI; MORS, 1976, p. 101).

Ensaio farmacológico comprova a ação antimicrobiana sobre *Streptococus mutans* (SOUSA *et al.*, 1991). Pesquisas do extrato hidro etanólico e frações da entrecasca de "angico" indicam a presença de importantes compostos químicos com efeitos biológicos, de atividade anti-inflamatória e antioxidante contra radicais livres relacionados a várias doenças (DAMASCENA *et al.*, 2012). Casca rica em tanino (CASTRO; CAVALCANTE, 2011). Casca e resina são anti-iflamatórias, cicatrizantes, de ação em afecções respiratórias (CASTRO; CAVALCANTE, 2011). Anti-hemorrágico segundo Albuquerque (2010, p. 40). As flores são melíferas e as sementes têm propriedades narcóticas e alucinógenas (SCHULTES *et al.*, 2001:120). O extrato vegetal de folhas de *Anadenanthera colubrina* (Vell) Brenan. var. cebil. (Gris) ÇAlts. apresentaram atividade antiparasitária (SANTOS, 2010, p. 42).

Usos na medicina popular: a casca é empregada em remédio contra febre. As cascas, bem como a goma que exsuda do tronco, são empregadas como anti-inflamatório e em problemas respiratórios.

6.7. *BARRIGUDA*

Sinoníma vulgar: barriguda, paineira

Nome científico: *Ceiba glaziovii* (Kuntze) K.Schum

Família: Malvaceae

Descrição: Seu tronco e galhos são revestidos fartamente por vigorosos acúleos (espinhos) em forma de funil, que dificultam a escalada de mamíferos e répteis, garantindo segurança às aves que fazem ninhos em sua copa. Sua característica mais notável é uma parte bem saliente (pode atingir 1,5 m em diâmetro), à meia altura de seu tronco, que lembra uma barriga. Essa saliência é um reservatório de água, uma das estratégias adotadas pela planta para assegurar-lhe água na estação seca. Folhas com 4-7 folíolos e flores grandes (7 cm) brancas com pétalas peludas e estrias longitudinais avermelhadas. Fruto em forma de pera com cerca de 10 cm e sementes imersas em uma paina ("algodão"), chamada lã de barriguda, dispersas pelo vento. Alcança de 6 a 18 metros. (CASTRO; CAVALCANTE, 2010, p. 25)

Ocorrência: Nas caatingas do rio São Francisco (SIQUEIRA FILHO *et al.*, 2013, p. 178). Frequentes nas matas brasileiras (JOLY, 1976, p. 462). A Barriguda apresenta distribuição restrita ao Nordeste do Brasil, ocorrendo de forma descontínua e com indivíduos isolados. Madeira branca e mole, talvez por isto a árvore seja pouco cortada. A lã serve para encher travesseiros (CASTRO; CAVALCANTE, 2010, p. 25).

Erythrina velutina já constava em 1919 do *Formulário Dias da Rocha*, segundo Matos (1987, p. 154), indicando a casca como peitoral, calmante e emoliente. Recomendava para uso externo em bochechos, a fim de apressar a maturação dos abcessos das gengivas.

Composição química e atividades farmacológicas: O estudo fitoquímico revelou a presença de taninos, fenóis, albumina, flavonoides: antocianina, antocianidina, sendo que saponina e xantona foram identificadas no extrato da folha e da casca, respectivamente (LEAL *et al.*, 2011).

Testes microbiológicos, tanto na casca como nas folhas, apresentaram atividade antimicrobiana apenas frente às cepas de *Staphylococus aureus*, a qual pode estar relacionada à presença de compostos químicos tais como taninos e fenóis (LEAL, 2011).

Usos na medicina popular: A casca é utilizada no tratamento de hérnias, reumatismo, inflamação do fígado, problemas cardíacos e pressão alta e dores na coluna e a indicação do chá da casca pra dores na coluna.

6.8. MULUNGU

Sinonímia vulgar: muchoco, suinã

Nome científico: *Erythrina velutina* (WILLD)

Família: Fabaceae

Descrição: De 8 a 12 metros de altura, com acúleos no tronco; flores alaranjadas, perdendo as folhas ao florescer (CASTRO; CAVALCANTE, 2010, p. 69).

Ocorrência: segundo Lemos *et al.* (2002), vegetação de climas sazonais secos, como as caatingas, ocorrendo em toda região nordestina até Minas Gerais (ALBUQUERQUE, 2010, p. 48).

O médico Francisco Antonio Sampaio em sua *História dos Reinos Vegetal, Animal e Mineral do Brasil Pertencente a Medicina* (1971) [1782], faz referência ao mulungu, a que dá, também, o nome de arqueiro, de propriedade emoliente e resolutiva, "dotada de uma substância mucilaginosa [...] fazendo dela cozimento em água comum, banhando com ele a parte resolúvel, aplicando sobre a mesma as folhas cozidas".

Chernoviz (1890: 464) menciona o mulungu como calmante do sistema nervoso e indicando o cozimento da entrecasca para banho em espasmos, assim como o xarope da entrecasca em bronquite, asma e tosse.

Erythrina velutina constava, em 1919, do *Formulário Dias da Rocha*, segundo Matos (1987, p. 154), indicando a casca como peitoral, calmante e emoliente. Recomendava para uso externo em bochechos, a fim de apressar a maturação dos abcessos das gengivas.

Composição química e atividades farmacológicas: Alcaloides tetracíclicos — erytravine e alfa-hidroxy-erythravine — responsáveis pela ação aciolítica (VIANA, 2008). *As Erythrina spp* estão relacionadas às espécies botânicas com alcaloides de ação curarizante (ZANINI; OGA, 1987). Ensaios apresentaram a presença de alcaloides eritalina, eritratina, faseolidina.

O extrato hidroalcoólico da casca demonstrou ação no sistema nervoso central como tranquilizante (VASCONCELO *et al.*, 2004). A casca tem ação saporífera e calmante (RAUPP, 2006). Bloqueador neuromuscular e atividades antinociceptiva e antiedematogênica, assim como atividade ansiolítica devido à presença de alcaloides (VIANA, 2008).

Usos na medicina popular: Chá cozido das cascas indicada para "nervos", insônia, cólicas, prisão de ventre, anti-inflamatório, assim como calmante e estimulante para o leite materno. Usa-se o cozimento da mesma, aplicado em abcessos, afim de supurá-los.

6.9. PAU-FERRO

Sinonímia vulgar: jucá, ibirá-obi, muirá-obi, muiré-itá, pau-ferro- verdadeiro

Nome científico: Libidibia ferrea (Mart. ex Tul.) L. P. Queiroz

Família: Fabaceae

Descrição: Árvore caducifólia a semicaducifólia de 10 a 20 metros de altura (DINIZ *et al.*, 2006). Árvore pequena de casca acinzentada, lisa e fina, que se renova anualmente. Folhas bipinadas com 3-4 e até 4 pinas, providas cada uma destas de 4-6 pares de folíolos pequemos, glabros, oblongos, verdes, com pecíolos pubescentes do lado inferior dos folíolos. Flores amarelas, pequenas, dispostas em panículas pubescentes e terminais. Vagem bruno-amarelada, pequena, achatada, encurvada, com sementes escuras e duríssimas (BRAGA, 2001, p. 282).

Ocorrência: Do Nordeste ao Estado do Rio de Janeiro (CAVALHEIRO *et al.*, 2009)

Em 1919, Dias da Rocha, em seu *Formulário Fitoterápico*, refere-se ao uso da casca de pau-ferro como peitoral e adstringente.

Composição química e atividades farmacológicas: Flavonoides, taninos, saponinas e cumarinas nas folhas e caule (GONZALES, 2005). Confirmada ação cicatrizante em úlcera gastroduodenal por extratos de castanha de jucá. Taninos pirogálicos, flavonóis, flavononas, catequinas e alcaloides para todos os extratos analisados, constatou a presença de flavonoides e taninos nos frutos de jucá. Os testes preliminares para prospecção fitoquímica dos extratos revelaram a presença de bioativos importantes como ácido gálico e elágico pertencentes ao grupo de taninos com propriedades antioxidantes que potencializam os efeitos cicatrizantes dos extratos de jucá (PEREIRA, 2011).

Antimicrobiano, anti-inflamatório, cicatrizante e hipoglicemiante (DINIZ *et al.*, 2006, p. 84).

Estudos experimentais com a solução etanólica a 50% das sementes mostraram ação antisséptica específica para *Staphylococcus aureus, Staphylococcus epidermidis e Escherichia coli.*, citando Coimbra (1940). Duas substâncias do jucá, ácido gálico e o metilgalato apresentaram atividade anticancerígena em experimentos em para derato (DINIZ, 2006, p. 84). Extratos e frações polissacarídicas isoladas da vagem de jucá possuem ação anti-inflamatória em modelos experimentais agudos, evidenciado pela diminuição do edema (PEREIRA, 2011).

De ação cicatrizante em úlcera gastroduodenal, com o extrato de castanha de jucá. O extrato aquoso das vagens sem sementes produziu um quadro de hipotensão transitória seguida de hipertensão, mantida por 30 minutos. Experimentos com solução etanólica a 50% das sementes mostraram ação antisséptica específica para *Staphylococcus aurens, S. epidermidis* e *Escherichia coli.* Atividade analgésica e anti-inflamatória do extrato aquoso bruto das sementes. Nos testes de edema induzido por carragenina na pata do rato, houve uma inibição através de administração oral do extrato das cascas. Uma analgesia central não foi observada, porém, houve uma redução dose-dependente no número de contorções induzidas pelo ácido acético (DINIZ *et al.*, 2006).

Extrato hidroalcoólico desta planta apresentou atividade inibitória da embriogênese larvária do gênero *Ancyslotoma.* O uso de casca de jucá em úlcera gástrica crônica induzida por ácido acético levou à diminuição do número de lesões e diminuição da secreção de ácido clorídrico. Há estudos que comprovam a atividade anti-inflamatória das cascas e do fruto. O extrato de sementes de *C. ferrea* apresenta atividades celulásica, amilásica, anticoagulante e larvicida contra *A. aegypti* (PEREIRA, 2011). Em Cunha *et al.* (2012), citando outros autores indicam a presença de taninos pirogálicos, flavonóis, flavononas, catequinas e alcaloides para todos os extratos analisados nos frutos de jucá. Os testes preliminares para prospecção fitoquímica dos extratos revelaram a presença de bioativos importantes como ácido gálico e elágico pertencentes ao grupo de taninos com propriedades antioxidantes que potencializam os efeitos cicatrizantes dos extratos de jucá. Antiedematogênica (PEREIRA, 2011).

Usos na medicina popular: É empregado na medicina popular a entrecasca como cicatrizante e no tratamento de problemas respiratórios. Os frutos são empregados em problemas intestinais e também como cicatrizantes. A raiz é empregada contra febres e em úlceras de estômago.

6.10. MORORÓ

Sinonímia vulgar: unha-de-boi, unha-de-vaca, mororó-de-espinho, pata-de-veado, casco-de-burro, unha-de-anta

Nome científico: *Bauhinia forficata* Link

Família: Fabaceae

Descrição: Arbusto alto ou árvore pequena. Folhas resumidamente bilobadas, pecioladas, glabras em cima e algo pubescente por baixo, com 9 nervuras salientes. Flores em cachos, branco-cremes. Vagem chata, comprida e escura, contendo muitas sementes, tomentosa quando nova e glabra quando adulta.

Ocorrência: Nordeste (Pernambuco, Bahia, Alagoas), Sudeste (Minas Gerais, Espírito Santo, São Paulo, Rio de Janeiro), Sul (Paraná, Santa Catarina, Rio Grande do Sul) (VAZ, 2001).

Em 1873, Teodoro Langgaard em sua obra *Diccionario de Medicina Popular e Domestica* (v. 3: p. 682), já mencionava a *Bauhinia forficata* (unha-de-boi), como "planta mucilaginosa e adstringente, usadas em cataplasmas, clisteres, gargarejos e como emoliente e envolvente, citando Dr. Martius. O cozimento das folhas é aconselhado como clorose, em que, provavelmente, nenhum efeito faz".

Em 1890, Napoleão Luiz Pedro Chernoviz em seu *Diccionario de Medicina Popular* (p. 1153) assim diz: "As folhas são mucilagionosas e algumtanto adstringentes; emprega-se em cataplasma nas postemas". Todavia, não referindo-se ao uso em diabetes.

Em 1919, Dias da Rocha em seu *O formulário Fitoterápico* de plantas do nordeste, consta com propriedades terapêuticas, folhas e cascas, como adstringente e antidiabética (MATOS, 1987, p. 87).

Composição química e atividades farmacológicas: esteroides, flavonoides; rutina e quercetina; pinitiol; taninos; Cumarinas (CORREIA, 2000, p. 125). Avaliação fitoquímica foi possível observar a presença dos seguintes grupos: flavonoides, proantocianidinas, leucoantocianidinas, triterpenos, esteroides, açúcares redutores, além de substâncias antioxidantes com bandas coincidentes às dos compostos flavonoídicos (MARQUES *et al.* 2012).

Estudos com *B. forficata* atribuem propriedades anticoagulantes e antifibrinogenolíticas, enquanto extratos de caules e cascas mostraram efetiva ação antimicrobiana, contra dermatófitos fúngicos. A literatura apresenta resultados que demonstram a atividade de proteínas e flavonoides presentes nas folhas, sementes e cascas do caule com ação hipoglicemiante (LIMA, 2009), antioxidante, antimicrobiana, anti-inflamatória e antitumoral (CECHINEL FILHO, 2009); hipoglicemiante (MENEZES *et al.*, 2007).

Usos na medicina popular: O predomínio do uso da casca e entrecasca em diabetes.

6.11. PEREIRO

Sinonímia vulgar: Em 1890, dizia-sepau-forquilho, pau-de-pente, camará-de-bilro, camará-do-mato, canudo amargoso, pinguaciba (CHERNOVIZ, 1890, p. 611); ínguaciba, pereiro-preto, pau-pereiro, ubá-açu, camará-de-brilho, pau-forquilha, pau-de-pente, pinguaciba, canudo amargoso (Rio de Janeiro, Espírito Santo, Minas, Bahia)

Nome científico: *Aspidosperma pyrifolium*Mart.& Zucc

Família: Apocynaceae

Descrição: A flor é de coloração rosada, cíclicas, hermafroditas, diclamídeas, de simetria zigomorfa, produtora de óleo, reunida em inflorescências paniculadas nas axilas superiores ou terminais (LOURENÇO, 2008). A produção de óleo funciona como recompensa para os visitantes, uma vez que o óleo, coletado apenas pelas abelhas fêmeas, é utilizado para alimentar suas larvas, juntamente com o pólen (TEIXEIRA; MACHADO, 2000). Os frutos são do tipo drupas globosas, com mesocarpo carnoso (LORENZI *et al.*, 2006). Ambos autores citados estão em Seixas *et al.* (2011). Segundo estes autores, as características florais de todas as espécies de *Byrsonima* se enquadram na síndrome de melitofilia, destacando-se as abelhas da tribo Centridini como visitantes principais.

Árvore de pequeno a médio porte (4-8 m), comum em toda a caatinga. Possui látex ("leite") que surge quando é cortado. Casca grossa, fissurada e ramos lisos cinza-escuros com pontos claros. As flores perfumadas surgem nas primeiras chuvas. Fruto lenhoso, abrindo em duas bandas, liberando sementes aladas. Os frutos abertos se mantêm presos à planta mesmo quando já perdida a folhagem, durante a estação seca (CASTRO; CAVALCANTE, 2010).

Ocorrência: Por todo Nordeste (CASTRO; CAVALCANTE, 2010).

O botânico Freire Alemão (1964, p. 293-5), em sua expedição ao Ceará em 1859, partindo de Fortaleza, ao atingir a Serra do Araripe e Crato, já nas partes baixas, em Lavras, encontrou "matas compostas, além de plantas que não conhecemos, ou que já vimos, preeiro branco em flor".

Em 1873, pau-pereira já constava do *Diccionario de Medicina Doméstica e Popular* de Theodoro J. H. Langgaard, com a sinonímia Geissospermum, vellosii Fr. All. Segundo o autor, esta planta se fez conhecida no Rio de Janeiro em 1838, passando a constar da matéria médica brasileira. Nesta mesma data foi descoberto um alcaloide novo a que foi dado o nome de Peneirinha, descoberta confirmada em Hamburgo por Pfaff e Behrend, parecendo ser o princípio ativo da casca. Como se observa a seguir, o binômio latino mencionado acima concorda com a identificação apresentada por Dias da Rocha com a espécie cearense que leva o mesmo nome vulgar.

Em Pedro Napoleão Chernoviz (1890, p. 640), em seu *Diccionario de Medicina Popular* diz: "o cozimento da casca d'esta arvore é empregado no Rio de Janeiro, e com muita vantagem, contra febres intermitentes".

Em 1919, consta do *Formulário fitoterápico do Prof. Dias da Rocha* (1947), obra baseada em sua *Botânica médica Cearense* (1919), com a sinonímia de Geissospermum velosii Fr. Al. (pau-pereira), conforme está em Matos (1987, p. 166); Braga (2001, p. 4, 369), este último, não a indicando como medicinal.

No *Catálogo de Extratos Fluidos*, Silva Araújo (1930, p. 144), ainda como *Geissospermum vellosi* All., está a indicação do uso da casca como tônico amargo, antifebril e antiperiódico.

Composição química e atividade farmacológica: Pode-se considerar através dos resultados obtidos por CCD e CG-EM que a madeira de *A. pyrifolium* é uma fonte importante para obtenção de alcaloides. Sendo assim, a partir da cromatografia em coluna, em camada delgada utilizando-se sílica gel seguida da borrifação com reagente de Dragendorff e do sistema hifenado CG-EM, foi possível a separação e identificação da presença dos seguintes alcaloides na fase em diclorometano: aspidospermidina, 1-acetil-aspidospermidina, epiibogamina, 1-acetil-17-metoxi-aspidofractinina e aspidolimina. Além dessas substâncias foram identificados também o timol, vanilina, cumarina, álcool coniferílico, juntamente com dois hidrocarbonetos (pentadecano e hexadecano), dois ácidos graxos (ácido palmítico e oleico) e dois ésteres (hexadecanoato de etila e adimol). Na fase em hexano foram identificadas por CG-EM dez substâncias, sendo elas um éster de metila, um ácido graxo saturado, um ácido graxo insaturado, um álcool, um aldeído, quatro hidrocarbonetos e um monoterpeno, sendo alguns destes também identificados na fase em diclorometano. Através deste estudo confirmou-se a necessidade de se estimular o desenvolvimento de técnicas para a extração, isolamento e identificação de substâncias, principalmente os alcaloides indólicos presentes em *A. pyrifolium* (TAVARES; SANTANA, 2013). Alcaloides das cascas das raízes e das folhas de *A. pyrifolium* apresentam efeito hipotensivo intenso na pressão arterial. Esse efeito foi atribuído a alcaloides indólicos presentes nos extratos dessa espécie (CRAVEIRO *et al.*, 1983). O extrato vegetal de folhas de *Aspidosperma pyrifolium* Mart. apresenta atividade antiparasitária (SANTOS, 2010, p. 42). Segundo Alves, (2007, p. 10), o gênero *Aspidosperma* é utilizado popularmente em disfunção erétil, citando Campos *et al.* (2006, p. 10), cujo efeito pode, segundo o autor, estar relacionado com a ativação de dopamina central e bloqueio de adrenoceptores pré-sinapticos alfa-2, com consequente aumento da liberação de óxido nítrico pelos nervos e artérias penianas.

Usos na medicina popular: Predominante o uso das cascas e raízes em problemas abdominais respiratórios: asma, bronquite, gripe, inflamação na garganta, pneumonia e sinusite.

6.12. *PAU-D'ARCO*

Sinonímia vulgar: Ipê-roxo, pau-d'arco-roxo, ipê-roxo-de-bola, ipê-una, ipê-preto, pau-cachorro, ipê-de-minas, ipê-roxo-do-grande, piúna, piúna-roxa (GO, MT), ipê-roxo-da-mata, ipê-rosa, ipê-comum, ipê-cavatã, ipiúva-preta, peúva, piúva, pau-cachorro.

Nome científico: *Handroanthus impetiginosus* (Mart. ex DC.)

Família: Bignoniaceae

Descrição: Árvore de porte desenvolvido. Folhas opostas, digitadas, grandes, com 5 folíolos oblongos, de margens inteiras, pubescentes. Flores irregulares, campanuladas, róseas, em panículas. Cápsula comprida (BRAGA, 2001, p. 362). O Ipê-roxo é uma planta arbórea de grande porte, de altura entre 8 e 12 m, podendo atingir até 45 m no interior da floresta. O diâmetro do tronco varia de 60 a 80 cm. As folhas são compostas 5-folioladas. Os folíolos são coriáceos em ambas as faces, de 9 a 18 cm de comprimento por 4 a 10 cm de largura.

Ocorrência: Do Piauí até São Paulo e Minas Gerais. No Ceará é encontrada na região do Cariri (BRAGA, 2001, p. 362).

Em 1817, o *Diccionario Portuguez da plantas...* de José Monteiro de Carvalho — Tomo II, refere-se "a pa'o de arco, árvore do Brasil, também conhecida por 'guirapariba', de extraordinária altura", sem, contudo, referir ao uso em diabetes.

Em 1859, o botânico Freire Alemão ao percorrer a região as partes baixas da Serra do Araripe viu exemplares de pau-d'arco. Em Langgaard (1873, p. 378), faz referência ao "ipe contra sarna no Piauhy", sem entrar em detalhes. Dias da Rocha em Matos (1987, p. 164), refere-se ao uso da entrecasca como adstringente, antierpético e anti-inflamatório.

Composição química e atividades farmacológicas: Extraído da casca, o Lapachol, 2-hidroxi-3-3 (3-metil-butenil)-1,4-naftoquinona é um produto natural caracterizado como uma naftoquinona prenilada, comum em espécies da família Bignoniaceae, como Ipê-roxo (*Tabebuia impetiginosa* Mart. ex. DC (TAVARES *et al.* 2013, p. 79; BARNES *et al.*, 2002).

O principal componente ativo de plantas do gênero *Tabebuia* é o lapachol, uma quinona bastante estudada em diversas partes do mundo. Uma revisão completa sobre o lapachol e seus derivados foi realizada por Hussain *et al.* (2007), onde inúmeras atividades biológicas foram atribuídas a este composto, como antiulcerogênica, leishmanicida, anticarcinogênica, antiedematogênica, anti-inflamatória, antimalárica, antisséptica, antiviral, bactericida, fungicida, pesticida e esquistosomicida.

Porém, a alta toxicidade em determinadas dosagens, devido ao sinergismo de seus componentes, é determinada a restrição de seu uso (TAVARES *et al.*, 2013, p. 79). Atividade antibacteriana e bacteriostática de enxaguatórios bucais verificada em estudo comparativo entre produto industrializado e produto à base de plantas medicinais, entre elas *Tabebuia impetiginosa,* concluiu que o enxaguatório à base de plantas medicinais demonstrou atividade antibacteriana e bacteriostática na cavidade oral, inibindo o crescimento das bactérias ou eliminando-as, mostrando-se mais eficaz que o enxaguatório à base de produto industrializado (BUSSADORI, 2013).

Usos na medicina popular: Predomina o emprego da entre casca e raiz em chás e garrafada para problemas do aparelho respiratório e como depurativo.

6.13. *IMBURANA*

Sinonímia vulgar: falsa-imburana, imburana-vermelha, imburana-brava, imburana-de-cheiro, imburana-de-espinho, umburana

Nome científico: *Commiphora leptophloeos* (Mart.) J. B. Gillett

Família: Burseraceae

Descrição: Árvore com 6-9 m de altura, com copa esgalhada e ramos tortuosos, contendo espinhos. Caule com até 60 cm de diâmetro, casca lisa, fina, laranja-a-cinzentada e lustrosa que se desprende em lâminas delgadas, deixando exposto o caule de coloração verde. Folhas alternas, compostas, imparipinadas, de 3-9 folíolos de coloração verde claro. Flores pequenas, de 3-4 mm de comprimento, verde-claro, isoladas ou reunidas em pequenos grupos axilares. Fruto cápsula globosa deiscente, com 1,5cm de diâmetro, de cor verde, com polpa agridoce, comestível quando maduros, contendo uma semente rugosa, de coloração negra com arilo avermelhado. A madeira é leve (densidade 0,43g/cm^3), de textura média e coloração creme quando recém cortada, passando a castanho claro rosado ao envelhecer. É considerada heliófita e decídua, perdendo rapidamente as folhas com a chegada da estação seca (ANDRADE-LIMA, 1989; MAIA, 2004).

Ocorrência: Nordeste brasileiro, nas caatingas arbórea-arbustiva de terrenos calcários, é frequente no vale médio do São Francisco. Registrada no pantanal mato-grossense (LORENZI, 2002; MAIA, 2004).

Em 1873, Langgaard menciona *Bursera leptophloes* Mart., fornecendo um bálsamo verde alourado de cheiro terebintáceo.

Hoehne (1939, p. 159) comenta que Padre Anchieta achou o aroma desprendido por esta espécie de Burceraceae parecido com as resinas asiáticas usadas em defumação, que a consagrou nos cultos, por falta daquelas.

Composição química e atividades farmacológicas: Óleo essencial — cumarina (Craveiro *et al.*, 1981, p. 206) O estudo da constituição química da casca do caule de *A. cearensis* revelou a presença profusa de compostos fenólicos na planta, principalmente flavonoides, podendo estes serem apontados, ao lado da cumarina, como responsáveis pelas atividades farmacológicas da espécie, conforme efeitos observados em testes realizados com as substâncias puras. O aprofundamento no conhecimento químico e farmacológico desta planta deve ser considerado de incontestável importância socioeconômica, pois certamente permitirá, em futuro próximo, a formulação de produtos mais eficazes e seguros para a população, tanto para os adeptos da fitoterapia como para empresários do ramo.

Extratos da casca apresentaram resultados significativos, inibindo o crescimento bacteriano, bem como um alto teor de compostos fenólicos do extrato metabólico. Sendo um extrato promissor para inibição bacteriana (OLIVEIRA *et al.*, [s.d.]).

Usos na medicina popular: Predominância do uso do chá da entrecasca como calmante e nas afecções do aparelho respiratório.

6.14. CUMARU

Sinonímia vulgar: cumaru-do-ceará, cerejeira, cumbaru-das-caatingas, cumaré, amburana-de-cheiro, umburana-de-cheiro

Nome Científico: *Amburana cearenses* (ALLEMÃO) A.C. Sm.

Família: Fabaceae

Descrição: Pode atingir até 10 m de altura nas regiões de caatinga e até 20 m na zona da mata. A planta jovem tem suas folhas compostas, pinadas, com 5 a 9 pinas, alternas, longo pecioladas, imparipinadas e raras vezes paripinadas na mesma muda. O pecíolo é de coloração verde, piloso, com pulvino. Os folíolos são curtopeciolados, elípticos, com base obtusa e ápice agudo, margem inteira, inervação peninérvea evidente na face abaxial, ao contrário da adaxial e apresentam pelos simples. Os cotilédones, quando caem, deixam cicatriz no caule. Árvore ameaçada de extinção devido ao uso predatório de sua madeira. Floresce em setembro, com boa produção de frutos. As sementes, uma por fruto, são achatadas, oleoginosas, manchadas de marrom e branco, de aroma forte, cujo cheiro está em todas as partes da planta (ALMEIDA *et al.*, 2010).

Ocorrência: Embora considerada nativa do sertão nordestino, a ocorrência de *A. cearensis* pode ser observada em praticamente toda América do Sul, do Peru à Argentina (CANUTO *et al.*, 2010).

Em 1873, Langgaard, em seu *Dicionario de Medicina Domestica e Popular*, faz referência à *Dipteryx odorata*, cujo óleo pode ser usado como laxante.

Em 1919, Dias da Rocha, em seu *Formulário Terapêutico, de Espécies do Nordeste*, já mencionava cumaru, com o binômio latino Torresea cearensis Fr. All., apresentando como princípio ativo a cumarina, indicando a casca e a semente como peitoral e laxativo (MATOS, 1987).

Esta mesma espécie é mencionada por Braga (2001, p. 205), a indicando como o verdadeiro cumaru, que por largo tempo conserva o cheiro característico de cumarina, cujas cascas e sementes são peitorais, antiespasmódicas e emenagogas, assim como usadas em banhos nas dores reumáticas.

Composição química e atividades farmacológicas: O extrato etanólico de *A. cearensis* apresentou atividade em cepas de *Salmonella spp.* Em estudo semelhante, Sá *et al.* (2011), também avaliando o extrato de *A. cearensis*, obtiveram inibição de *E. coli, Salmonella spp. e S. aureus*, além de *Yersinia enterocolitica, Listeria spp. e Vibrio spp.*, onde as médias foram: *E. coli*; *Salmonella spp.* e *S. aureus.* Em pesquisa sobre glicosídeos fenólicos, Bravo *et al.*(1999) relataram atividade biológica de *A. cearensis* sobre *Shigella flexneri*e *E. coli*, ambas *Gram-negativas* (MOURA *et al.*, 2013).

Segundo Canuto e Silveira (2006), Craveuri *et al.* (1981, p. 2006) das cascas do caule de *A. cearensis* resultaram no isolamento a identificação de 11 constituintes químicos: cumarina, dois ácidos fenólicos [ácido vanílico e ácido protocatecuico], um heterosídio fenólico (amburosídio A), a mistura de b-sitosterol e estigmasterol glicosilados e cinco flavonoidesafrormosina, isocampferídio, campferol, quercetina, 4'-metoxi-fisetina dos quais, quatro são flavonóis, sendo o isocampferídio um derivado do campferol metilado na posição 3, isômero da 4'-metoxi-fisetina. Somente quatro constituintes químicos [cumarina, isocampferídio, amburosídio A e amburosídio B] haviam sido relatados na literatura para as cascas do caule de *A. cearensis.* Flavonoides, taninos, saponinas e cumarinas nas folhas e caule segundo Gonzales (2005, p. 124). Dicumarol, bergapteno e psoraleno, derivados furocumarínicos e derivados piranocumarínicos. Cumarinas, ácidos fenólicos, flavonoides amburosídios, açúcares, heterosídios, fitoesteroides (SILVEIRA, 2008).

O extrato etanólico de *A. cearensis* apresentou atividade em quatro cepas de *Salmonella spp.*

Em estudo semelhante, Sá *et al.* (2011), também avaliando extrato de *A. cearensis*, obtiveram inibição de *E. coli, Salmonella spp. e S. aureus*, além de *Yersinia enterocolitica, Listeria spp.* e *Vibrio spp.*, onde as médias foram: E. coli; *Salmonella spp.* e *S. aureus.*

Em pesquisa sobre glicosídeos fenólicos, Bravo *et al.* (1999) relataram atividade biológica de *A. cearensis* sobre *Shigella flexneri* e *E. coli*, ambas Gram-negativas. A fração flavonoídica, tendo o isocampferídio como constituinte majoritário, e a cumarina demonstraram atividade anti-inflamatória mais potente que a do extrato hidroalcoólico, ao produzirem maior inibição na permeabilidade vascular e na migração de neutrófilos e leucócitos. O isocampferídio e o campferol exibiram significativa atividade citotóxica contra ovos de ouriço-do-mar e cinco linhagens de células tumorais (dois tipos de células leucêmicas humanas, células cancerosas de mama, cólon e pele) em ensaios *in vitro*. O amburosídio demonstrou propriedades neuroprotetoras em células mesencefálicas, agindo como antioxidante contra a neurotoxina-hidroxi-dopamina (CANUTO; SILVEIRA, 2006). O bergapteno e o psoraleno apresentam ação fotossintetizante e estimulam a pigmentação cutânea, sendo usados no tratamento de vitiligo. Piranocumarínicos, que são dotados de ação espasmolítica sobre a musculatura lisa do útero, das vias biliares, das vias respiratórias e vaso dilatadora em especial das coronárias (DINIZ *et al.*, 2006, citando LEAL *et al.*, 1992). Amburosídio A foi o constituinte marojitário do extrato da planta silvestre (SILVEIRA, 2008). Anti-inflamatório, antioxidante e moderado relaxante muscular (LEAL, 2008).

Usos na medicina popular: As cascas e sementes na forma de chá na dor de barriga e reumatismo e na forma de lambedor, contra tosse, bronquite e asma. As sementes reduzidas a pó nas dores de dente.

6.15. FAVEIRA

Sinonímia vulgar: favanta, fava-d´anta, favela barbatimão, barba-timão, sucupira, barbatimão-de folha-miúda e fava-de-arara

Nome científico: *Dimorphandra gardneriana* Tul

Família: Fabaceae

Descrição: pode alcançar até 10m de altura. A inflorescência é uma panícula com espigas curtas, com flores amarelas. O fruto é um legume indeiscente, achatado, com coloração variando de marrom-escuro a quase negro, opaco, de superfície irregular, rugoso, com ápice e base arredondados. As sementes são eurispérmicas sendo a maioria oblonga ou reniforme, de porte arbóreo, incluindo desde árvores de médio porte de 3 a 7 m de altura até árvores gigantescas de 30 a 50 m de altura (RIBEIRO-SILVA *et al.*, 2012).

Ocorrência: Floresta Nacional Araripe-Apodi (Flona Araripe). Esta última representa um enclave de cerrado no bioma Caatinga, abrigando a *Dimorphandra gardneriana*. Ocorre nos Estados do Pará, Maranhão, Ceará, Piauí, Pernambuco, Bahia, Mato Grosso, Goiás e Minas Gerais, única área disjunta de cerrado do estado do Ceará (RIBEIRO-SILVA, 2012).

Dimorphandra gardneriana Tul. não é, propriamente, uma espécie da caatinga, mas do cerrado inserido na Chapada do Araripe. Porém, introduzimo-na entre as espécies selecionadas para as monografias que ora desenvolvemos, visto sua importância quanto à composição química e atividades biológicas de interesse da área farmacêutica, conforme consta de sua composição química, certamente com um futuro promissor no setor médico-terapêutico.

Composição química e atividades farmacológicas: os frutoscontémrutina, um flavonoide com diversas atividades farmacológicas (CUNHA *et al.*, 2009). Esse é o caso das espécies do gênero *Dimorphandra* (fava d'anta), cujos frutos têm concentrações consideráveis de flavonoides, principalmente rutina e quercetina (SUDRÉ *et al.*, 2011) e glicosídeos flavônicos nas vagens. Em Bouty (2015), *D. gardneriana* produz relevante quantidade compostos fenólicos, como os flavonoides. Dentre esses, a rutina que apresenta diversas atividades farmacológicas e relevante importância econômica, sendo exportada pelo Brasil.

Atividade antiulcerogênica (GONZALES, 2005). A rutina aumenta a resistência dos capilares e é benéfica sobre as hemorragias produzidas no tratamento profilático de tromboses (SILVA, 2007). Segundo este autor, a quercetina é um produto antioxidante com atividade cardiovascular, reduzindo o risco de enfarte e, também, é anti-inflamatório, anticarcinogênico, com ação no sistema imunológico, além de hepatoprotetora e gastroprotetora (SILVA, 2007).

Usos na medicina popular: As cascas são empregadas como cicatrizante.

6.16. AROEIRA

Sinonímia vulgar: aroeira-do-sertão, aroeira-do-ceará, urundeúva

Nome científico: *Myracrodruon urundeuva* Allemão

Família: Anacardiaceae

Descrição: de tronco alto, às vezes com mais de 1 metro de diâmetro e larga copa. Folhas alternas, imparipinadas, com 5-7 pares de folíolos. Flores em panículas, purpúreas com pelos brancacentos. Frutos dupráceos pequenos, ovais. Árvore pequena ou mediana com folíolos ovados e aromáticos, flores minutas e drupa globosa envolvida pelo cálice ampliado (RIZZINI; MORS, 1976, p. 115). Forma biológica: árvore caducifólia, atingindo 5 a 20 m de altura e 30 a 60 cm na Caatinga (CARVALHO, 2003).

Ocorrência: Habita cerrado, mata e caatinga (RIZZINI; MORS, 1976, p. 115). Ocorre principalmente no Nordeste do país, presente nos estados da Bahia, Ceará, Piauí, Pernambuco, Maranhão, Rio Grande do Norte, Sergipe, Paraíba, Alagoas; na Região Sudeste, em Minas Gerais e São Paulo; na Região Centro-Oeste, Goiás, Mato Grosso do Sul e Distrito Federal. Fora do Brasil é encontrado na Argentina, Paraguai e Bolívia (PEREIRA, 2014).

Em 1648, Guilherme Piso, em sua obra *História Natural do Brasil Ilustrada*, faz referência às suas propriedades como balsâmica e antiflogística.

Em 1817, José Monteiro de Carvalho em seu *Diccionario Portuguez das Plantas, Arbustos, Matas, Árvores...*, remete aroeira "para 'lentisco', arbusto que também se chama Aroeira, o qual é muito ramoso e tem as folhas quase semelhantes às do Buxo: são tantas as virtudes medicinais das folhas, sementes, flores, casca, madeira, e raízes desta planta, que para as descrever seria necessário hum grande volume".

Composição química e atividades farmacológicas: Em Bouty (2015) *D. gardneriana* produz relevante quantidade compostos fenólicos, como os flavonoides. Dentre esses, a rutina, que apresenta diversas atividades farmacológicas e relevante importância econômica, sendo exportada pelo Brasil (Os extratos de folha de *M. urundeuva* apresentaram alto teor de fenólicos totais (OLIVEIRA *et al.* 2010). O óleo essencial apresenta: *a*-pineno, canfeno, *B*-pineno, limoneno, eucaliptol, terpinoleno, *trans* — cariofileno, aromadendreno, viridifloreno, viridiflorol (DEUSIELLY *et al.*, 2013).

Antioxidante, anti-fúngica e antibacteriana (SÁ, 2008; OLIVEIRA *et al.*, 2010). A entrecasca possui propriedades cicatrizantes, adstrigentes, antiinflamatórias, antialérgicas e cicatrizantes e as folhas apresentam princípios alergênicos (VIEIRA *et al.*, 2011). Sá (2008) destaca a presença de lectina como antimicrobiana. Estudos com os extratos dos brotos e renovos do caule de *A. urundeuva* permitiram comprovar a existência de chalconas diméricas anti-inflamatórias (VIANA *et al.*, 2003; BANDEIRA *et al.*, 1994) e taninos com ação analgésica e anti-inflamatória (VIANA *et al.*, 1997). Foram isolados ainda compostos mais apolares como cicloeucalenol e cicloeucalenona a partir do extrato hexânico da entrecasca, que apresentam atividade antioxidante (DANTAS, 2003).

Usos na medicina popular: Cascas usadas contra doenças do aparelho respiratório e urinário.

6.17. MURICI

Sinonímia vulgar: Murici provém do tupi *mbori*, aquela que faz resinar (BRAGA, 2001, p. 344)

Nome Científico: *Byrsonimagardnerana* A. Juss ou *Byrsonima rotunda* Griseb, segundo Seixas *et al.* (2011)

Família: Malpighiaceae

Descrição: As espécies desse gênero são conhecidas popularmente como "murici" e podem apresentar hábitos herbáceos, arbustivos, arbóreos ou escandentes. Suas flores são vistosas, de coloração em geral amarela.

Ocorrência: O gênero ocorre em regiões do Norte e Nordeste, em regiões de Cerrado e de Caatinga do Ceará (SEIXAS *et al.*, 2011).

O gênero encontra-se espalhado por regiões do Norte e Nordeste, sendo que a espécie gardneriana se desenvolve em Cerrado e Caatinga do Ceará, conforme Seixas *et al.* (2011).

Em 1648, Guilherme Piso, em *História Natural do Brasil Ilustrada,* já mencionava esta planta empregada como febrífuga (1948, p. 416) e Langgaard (1873) em seu *Dicionario de Medicina Domestica e Popular,* faz referencia às espécies de *Byrsonima* no Nordeste, como planta com alto teor de tanino e que seus frutos usados como laxativo.

O botânico Freire Alemão (1964, p. 298) quando de suas andanças pela Serra do Araripe no Ceará em 1859 registrou murici na subida da serra.

Composição química e atividades farmacológicas: Rolim (2009), em um estudo fitoquímico com *B. gardnerana,* identificou e isolou cinco triterpenos: 3β-hidroxiolean-12-eno, relatado pela primeira vez na espécie; 3-oxo-5-ene-glutinona e friedolean-14-em-3-ona, descritos pela primeira vez no gênero; friedelan-3-ona e lup-20(29)-em-3-ol, ambos relatados pela primeira vez na espécie.

Apresenta atividades anti-inflamatória, anti-hiperlipidêmica e antitumoral (SEIXAS *et al.* 2011).

Usos na medicina popular: As cascas são usadas para diferentes fins, tais como laxantes, diurético digestivo sedativo, afecções do aparelho respiratório e urinário, assim como problemas dermatológicos. Seus frutos são importantes alimentos para as populações carentes.

6.18. PAU-BRANCO

Sinonímia vulgar: louro-branco, pau-branco-preto, pau-branco-do-sertão

Nome científico: *Cordia oncocalyx* Allemão

Família: Borraginaceae

Descrição: arbórea (arvoreta a árvore), de caráter decíduo. As árvores maiores atingem dimensões próximas a 12 m de altura e 45 cm de DAP(diâmetro à altura do peito, medido à 1,30 m do solo), na idade adulta. Tronco: devido ao valor de sua madeira, raramente é encontrado um exemplar que não venha de renovo de velhos troncos, apresentando-se ramificado, a partir de 20 cm a 30 cm do solo, geralmente com multitroncos. Casca: com até 15 mm de espessura. A casca externa é esbranquiçada, dificilmente destacável, flexível, apresentando lenticelas semelhantes a verrugas com diâmetro de 1,0 mm a 3,0 mm, salientes, dispostas irregularmente, podendo destacar porções laminares. A casca interna é de coloração bege-clara, passando a castanho quando exposta ao ar. Apresenta exsudato transparente, aquoso, sem odor ou sabor distinto. Folhas: são simples, alternas, elípticas, oblongas ou oblongo-obovadas, íntegras ou serreadas do meio para o ápice e de consistência membranácea. Apresentam face adaxial com glândulas salientes e esparsas, face abaxial com raros tricomas ou pelos simples ao longo das nervuras. Apresentam, também, ápice agudo, com lâmina foliar medindo de 12 cm a 35 cm de comprimento por 4 cm a 12 cm de largura. O pecíolo é cilíndrico, mais ou menos desenvolvido, com até 4 cm de comprimento. Flores: são pequenas, pentâmeras, alvas e suavemente perfumadas. O cálice é campanulado, medindo 0,2 cm a 0,3 cm, piloso na face externa e glabro na faceinterna, com cinco dentes. Fruto: é uma drupa elipsoide, piriforme, medindo de1,5 cm a 2 cm de comprimento, envolta por uma vesícula penta-angulosa, formada pelo cálice acrescente e em forma de balão inflado, cônico, medindo de 5 cm a 8 cm de comprimento. (CARVALHO, 2008)

Ocorrência: Bioma Caatinga, Savana-Estépica ou Caatinga do Sertão Árido, no Ceará, em Minas Gerais e no Rio Grande do Norte, com frequência até 152 indivíduos por hectare. O pau-branco-do-sertão é a árvore mais característica do sertão cearense, alcançando a base das serras e a faixa litorânea (CARVALHO, 2008).

Composição química e atividade farmacológica: do cerne foram isoladas as quinonas, alantoína e sesquiterpenos. As flores são ricas em alantoina (GUIMARÃES *et al.*, 2013). A casca é adstringente e usada como medicinal em banhos para tratamento de feridas e de ferimentos e também no tratamento de ectoparasitoses em animais domésticos. As flores são ricas em alantoína e podem ser usadas em pomadas ou como tintura e cozimento para tratamento local de ferimentos úlceras e queimaduras (GUIMARÃES *et al.* 2014).

Usos na medicina popular: Externamente, o cozimento das cascas para banhos em ferimentos e feridas crônicas.

6.19. *JUREMA-BRANCA*

Sinonímia vulgar: carcará, cassaco, jurema e rasga-beiço

Nome científico: *Piptadenia stipulaceae* (Benth.) Ducke.

Família: Fabaceae

Descrição: É uma árvore pequena com cerca de 2-4 m de altura, com casca castanho-clara, fortemente armada por acúleos vigorosos. Possui folhas alternas, compostas, com 10-16 pares de pinas opostas, cada pina com 2 a 5,5 cm de comprimento e com 25-40 pares de folíolos verde-claros, foscos, oblongos, com 3-8mm de comprimento. As flores em espigas possuem de 4-8 cm de comprimento, de cor alva, na extremidade dos ramos onde se encontram até três espigas por axila de folha. Seu fruto é uma vagem de cor castanho-pálido, com 8-12 cm de comprimento, com superfície ondulada nas áreas onde ficam as sementes. Contém 2-12 sementes pequenas, ovais de cor marrom por vagem. A madeira é de cor clara. (MAIA, 2004)

Ocorrência: Planta que ocorre na caatinga, do Piauí até a Bahia, do tipo "arbórea densa" até a "arbustiva rala", a jurema branca é uma planta pioneira que facilmente ocupa capoeiras e beiras de estrada.

Composição química e atividades biológicas:

> [...] taninos e outros compostos fernólicos, assim como saponinas (BEZERRA *et al.*, 2012). Anteucoantocianidina, catequina, saponinas e flavonas (BEZERRA, 2008). The results of the chemical search chemical showed the presence of tannins and other phenolic compounds as well as the presence of saponins in both extracts. The microbiologic evaluation of the extracts of both species showed that more than one part of the plants had antimicrobial activity. The bromatologic composition of the bark powder of *Mimosa tenuiflora* (Wild) Poiret and *Piptadenia stipulacea* (Benth) Ducke showed different contents for analyzed variables. (BEZZERRA, 2012)

Anti-inflamatório a partir do decocto ou tintura, preparados com a casca do caule (ALBUQUERQUE; ANDRADE, 2002). Em testes para avaliar o seu potencial biológico, a folha da *P. stipulacea* apresentou atividade antimicrobiana contra cepas da bactéria *Klebsiella pneumoniae*multiresistentes e o fungo *Candida albicans* (BEZERRA, 2008). Antinociceptivo e anti-infamatória (QUEIROZ *et al.*, 2010).

Usosna medicina popular: Predomínio no uso do cozimento da casca do caule como cicatrizante e anti-inflamatório.

6.20. CANAFÍSTOLA

Sinonímia vulgar:

Nome científico: *Senna spectabilis* (DC) Irwin & Barneby

Família: Fabaceae

Descrição: árvore nativa de porte médio (altura 6-9 m, tronco com 30-40 cm de diâmetro) com galhos pendentes e flores amarelas (FERNANDES *et al.*, 2004). Espécimes de *Senna spectabilis* são empregadas, no Brasil, principalmente no paisagismo, devido à grande beleza das suas flores amarelas, sendo uma espécie com grande potencial para recomposição de áreas degradadas. *S. spectabilis* ocorre em duas variedades distintas principalmente pelo porte: *Senna spectabilis* (DC) Irwin & Barneby var. *spectabilis* (*Cassia spectabilis* DC.), (*Cassia carnaval*), árvore de grande porte (até 17 m) e *Senna spectabilis* (DC) Irwin & Barneby var. excelsa (Schrad.) Irwin & Barneby (*Cassia excelsa* Schrad), de pequeno porte (até 6 m) conhecida como cássia-do-nordeste (SILVA, 2010a).

Ocorrência: Região Nordeste do Brasil (FERNANDES, 2004).

Em 1782, Francisco Antônio Sampaio, sobre a canafítula, curiosamente, assim se expressa: "Na descrição da fruta e das suas virtudes, me não deterei, porque hé bem sabida pela Europa" (v. 1, p. 51).

Em 1817, à p. 121, José Monteiro de Carvalho, em seu *Diccionario Portuguez das Plantas, Arbustos, Matas* [...] indica a canafístula para "purgar o estômago de humores coléricos". Esta observação do autor nos remete à medicina hipocrática dos humores.

Composição química e atividade farmacológica: O extrato etanólico das folhas de S. spectabilis var. excelsa (Schrad), através de técnicas cromatográficas, levou ao isolamento dos triterpenos pentacíclicos ácido betulínico, lupeol, α-amirina e β-amirina (3 e 4), da fração não alcaloídica (m = 13,5 g (SILVA *et al.*; 2010). Até o presente, o alcaloide piperidínico conhecido por cassina, isolado há mais de 40 anos, é o único registro de estudo químico de *Senna spectabilis* var. *excelsa* (Schrad.). O estudo químico das folhas de *S. spectabilis var. excelsa* (Schrad) levou ao isolamento e identificação de oito triterpenos pentacíclicos: quatro na forma pura (ácido betulínico, lupeol, cicloeucalenol, friedelina) e quatro como misturas (α-amirina, β-amirina, ácido ursólico e oleanólico). Apesar de serem substâncias conhecidas, este é o primeiro relato dessa classe química na espécie *Senna spectabilisvar. excelsa*. Também foram identificadas duas misturas de esteroides (estigmasterol e β-sitosterol) na forma livre e glicosilada, além de um alcaloide (cafeína) ainda inédito no gênero *Senna* (SILVA, 2010 a).

As espécies de *Senna* ocorrentes no Brasil, como *Senna spectabilis, S. carnaval e S. excelsa*, apresentam alcaloides piperidínicos como constituintes majoritários, os quais se têm mostrado atrativos para a pesquisa de bioprospecção, em função das atividades biológicas apresentadas, especialmente sobre o sistema nervoso central (VIEGAS JUNIOR, 2010).

Foram isolados e identificados cerca de 20 alcaloides, incluindo alguns inéditos, que vêm sendo alvo de estudos farmacológicos sem precedentes na literatura. O padrão molecular singular apresentado por estes derivados deve ser responsável pelo largo espectro de atividades farmacológicas, incluindo analgesia, citotoxicidade, atividade anti-inflamatória e inibitória de superóxido (VIEGAS JUNIOR *et al.*, 2006).

Com este enfoque, foi selecionada a espécie *Senna spectabilis* (Fabaceae), em função de estudos preliminares terem evidenciado potencial atividade citotóxica seletiva dos alcaloides piperidínicos espectalina, espectalinina e carnavalina, constituintes do extrato etanólico das folhas, frutos e ramos desta espécie, constatada pelo bioensaio específico com linhagens mutantes de *Saccharomyces cerevisiae*, indicativo de substâncias com potencial para atuar no reparo do DNA (VIEGAS JUNIOR *et al.*, 2010).

Uso na medicina popular: Utilizada, como laxante e purgativa.

6.21. *JATOBÁ*

Sinonímia vulgar: burandã, farinheira, jataí, jutaí, jataíba, jataiba-peba, jataíba-uva, jataúba, juteí, jataí-amarelo, jataí-vermelho, jatal, jati, jassaí, jatobá de anta, jatobá de porco, jatabá trapuca, jetaí, jetaíba, jupiti, jutaí-açu, árvore-copal-do-Brasil, abotii-timbaí e jataici (LORENZI, 2000)

Nome científico: *Hymenaea courbaril* L.

Família: Fabaceae

Descrição: árvore de grande porte, podendo ultrapassar os 30 m de altura, possuindo folhas compostas, inflorescência em panículas terminais e frutos em forma de vagens indeiscentes, duros e pardo-escuros, apresentando de 2 a 6 sementes envoltas por uma farinha comestível de grande valor nutritivo, consumida pelo homem, como alimento e por animais, principalmente, roedores (FERNANDES, 2006).

Ocorrência: A espécie está distribuída desde o México, passando pela América Central, chegando até a América do Sul e de forma abundante na Amazônia brasileira, com distribuição até São Paulo. Aparece nas matas de terra firme, sobre solos argilosos e em certas várzeas altas, sendo rara no campo e nas capoeiras (FERNANDES, 2006).

Em 1782, Francisco Antônio Sampaio em *História dos Reinos Vegetal, Animal e Mineral do Brasil, Pertencente à Medicina,* sobre a canafítula, curiosamente, assim se expressa: "Na descrição da fruta e das suas virtudes, me não deterei, porque hé bem sabida pela Europa", se bastando com esta informação.

Em 1817, à p. 121, José Monteiro de Carvalho em seu *Diccionario Portuguez das plantas, arbustos, matas* [...] indica a canafístula para "purgar o estômago de *humores coléricos*". Esta observação do autor nos remete à medicina hipocrática dos humores, visto que os médicos hipocráticos admitiam que a vida era mantida pelo equilíbrio entre quatro humores: Sangue, Fleuma, Bílis amarela e Bílis negra, procedentes, respectivamente, do coração, cérebro, fígado e baço, sendo que cada um desses humores correspondia a diferentes tipos fisiológicos: o sanguíneo, o fleumático, **o colérico** ou bilioso ou o melancólico. Para Hipócrates, a saúde compreendia o equilíbrio dos quatro humores e a doença o desequilíbrio dos mesmos, tanto por excesso ou por falta deles, cabendo ao médico restaurar o equilíbrio por meio da "administração do humor em falta, ou pela eliminação do humor em excesso". Sua eliminação podia ser pela boca, nariz, reto, vias urinárias ou sangrias.

Em 1859, o botânico freire Alemão (1964, p. 298) registrou o jatobá nas imediações da Serra do Araripe.

Em 1873, Theodoro Langaarrd, em seu *Diccionario de Medicina Domestica e Popular*, sobre o jatobá diz:

> [...] As hyemenaeas ou jatehis produzem uma resina que de ordinário se encontra enterrada na proximidade das raízes e algumas vezes em lugares onde já não existe vestígio algum da arvore que a produzio. Esta resina, chamada na Europa resina animé, animé, anime das Indias Occidentaes, do México ou do Brasil, copal da America ou do Brasil, e no Brasil, resina de jatehy, de jatahy, de jatobá, etc.. é ordinariamente em pequenos pedaços, approximando-se a uma forma esférica, algumas vezes em grandes massas cobertas por uma camada terrea cinzenta devida a uma desagregação melecular, occasionada pela humidade, e facilitada pela terra que tem ordinariamente misturada na superfície.

> [...] A resina é remédio popular contra hemoptsis. [...] Os frutos, chamados pão-de-ló de mico [...] das Hymenaea stilbocarpa (*H. courbaril* Martius), Stigonocarpa e Courbaril, cuja poupa é doce, de cor amarelada ou esverdeada, de cheiro aromático um pouco semelhante ao de ácido valeianico, são comestíveis e nutrientes; porém pouco agradáveis e grosseiros.

Em 1919, Dias da Rocha (1987, p. 127), em seu *Formulário Fitoterápico de Plantas do Nordeste*, diz serem a entrecasca e a goma ou resina as partes empregadas, de propriedades terapêuticas adstringente e peitoral, muito usada em escarros de sangue. Acrescenta que, externamente, o cozimento da entrecasca se emprega em bochechos, em feridas e úlceras da boca e no escorbuto.

Composição química e atividades farmacológicas: b-cariofileno (60,5%);óxido (d)cariofileno (20,7%);a-Humuleno (PEREIRA, [s.d.]). A análise da composição química possibilitou aidentificação de 83,5% dos constituintes do óleo da resina do jatobá (PEREIRA, [s.d.]).

O extrato da *H. courbaril*apresentou atividade antimicrobiana para a maioria das bactérias Gram-positivas analisadas: *Stearother mophylus, S. aureus*, o *S. aureus*e o *S. aureus*(FERNANDES, 2006). O óleo essencial apresentou atividade antimicrobiana em todas as linhagens testadas, com maior inibição na linhagem *Pseudomonas aeruginos* (PEREIRA, [s.d.]).

Usos na medicina popular: a seiva é utilizada para tosse e bronquite. Adstringente: a casca moída é utilizada contra diarreia. Antimicrobiano: chá da casca é utilizado para fungos nos pés de jatobá.

ABREVIATURAS

SNC — Sistema Nervoso Central

DMT — Dimetiltriptamina

OBRAS RARAS DE REFERÊNCIAS NAS EDIÇÕES ORIGINAIS

Diccionario dos Termos Technicos de Historia Natural. Extraídos das obras de Linnéo, com sua explicação e estampas abertas em cobre, para facilitar a inteligência dos mesmos.

A MEMÓRIA SOBRE A UTILIDADE DOS JARDINS BOTANICOS

QUE OFFERECE

A RAINHAD.MARIA I

Nossa Senhora

DOMINGOS VANDELLI

Diretor do Real Jardim Botânico e Lente das Cadeiras de Química e de História Natural na Universidade de Coimbra.

COIMBRA:

Na Real Oficina da Universidade.

M.DCC.LXXXVIII (1788)

Diccionario de Medicina Domestica e Popular — Theodoro J. H. Langgaard. Rio de Janeiro: Eduardo & Henrique Laemmert, 3 vols, 1873.

Diccionário de medicina Popular e das Sciencias Accessarios para uso das famílias. 6. ed. de Pedro Luiz Napoleão Chernoviz, 2 vols. Pariz: A. Roger & F. Chernoviz, 1890.

Diccionario da língua portuguesa, Antônio Moraes Silva Silva. 7. ed. Tomo I e II. Typographia de Joaquim Germano de Souza Neves, Lisboa. 1877.

Diccionario Portuguez das Plantas, Arbusto, Matas, Arvores, Animaes quadrupedes, e répteis, Aves, Peixes, Mariscos, Insetos, Gomas, Metaes, Pedras, Terras, Mineraes, &c. que a Divina Omnipotencia creou no globo terráqueo para utilidade dos viventes. José Monteiro de Carvalho. 2 Tomos. Lisboa: Offic. de J. F. M. de Campos. Com licença da Meza do Desembargo do Paço. 1817.

Referências Bibliográficas

AGRA, M. F.; FREITAS, P. F.; BARBOSA-FILHO, J. M. Synopsis of the plants known as medicinal and poisonous in northeast of Brazil. *Revista Brasileira de Farmacognosia,* 17(1), p. 114-40, 2007.

______. *Contribuição ao estudo das plantas medicinais da Paraíba.*

______. Synopsis of the plants known as medicinal andpoisonous in northeast of Brazil. *Revista Brasileira de Farmacognosia,* 17(1), p. 114-40, 2007.

______. Contribuição ao estudo das plantas "medicinais". VI Simpósio de Plantas "Medicinais" do Brasil. *SBPC Ciência e Cultura,* Suplemento. Fortaleza, 1980.

ALBUQUERQUE, Ulysses P. Manejo tradicional de plantas em regiões neotropicais. *Acta Botânica,* Brasília, 13, p. 307-315, 1999.

______. *Folhas sagradas:* as plantas litúrgicas e medicinais nos cultos brasileiros. Recife: Universitária da Unipe; 1997.

______. *Caatinga — Vegetação. Aspectos gerais. Caatinga e biodiversidade.* NUPEEA (Núcleo de Publicações em Ecologia e Etnobotânica) — Universidade Federal Rural de Pernambuco; 2010.

ALBUQUERQUE, Ulysses P.; ANDRADE, Laise de Holanda Cavalcanti. Usos de recursos vegetais da caatinga: o caso do agreste do Estado do Pernambuco (Nordeste do Brasil). *Interciência,* v. 27 (7), p. 336-346, jul. 2002.

ALBUQUERQUE, Ulysses P.; MEDEIROS, P. M.; ALMEIDA, A. L. S. *et al.* Medicinal plantsof the caatinga (semi-arid) vegetation of NE Brazil: A quantitative approach. *Journal of Ethnopharmacology,* 114, p. 325-54, 2007.

ALLEMÃO, Freire. *Diários*. Fortaleza: Museu do Ceará, 2006. v. I. In: SIQUEIRA FILHO, José Alves de. *Flora das Caatingas do Rio São Francisco — História Natural e* Conservação. Universidade Federal do Vale do São Francisco. Rio de Janeiro: Andrea Jakobssn, 2013.

______. *Os manuscritos do botânico Freire Allemão*. Catálogo e Transcrição por Darcy Damasceno e Waldir da Cunha. Rio de Janeiro: Biblioteca Nacional, 1964.

ALMEIDA, Jackson R. G. S.; GUIMARÃES, Adriana G.; SIQUEIRA, Jullyana S. *Amburana cearensis*, uma revisão química e farmacológica. *Sciencia Plena*, v. 6, 11, 2010.

ALVES, Harley. *A força do cor para as plantas*. Disponível em: <www.mundocor.com.br/bioquim_cores.usp>. Acesso em: 6.6.2014.

ALVES, Nilda Maria. *Estudo farmacognóstico e da toxicidade experimental (aguda e subaguda) do extrato etanólico da casca do guatambu (Aspidosperma subincanum* Mart. Dissertação em Ciências da Saúde. Universidade de Brasília, 2007.

ALVES FILHO, José. *Flora das caatingas do Rio São Francisco. História natural e conservação*. Rio de Janeiro: Andrea Jakobsson, 2012.

ANDRADE, Solange Ramos de. As romarias como manifestações da religiosidade. Caderno de programação e resumos. *1º Simpósio Sudeste da ABHR, 1º Simpósio Internacional da ABHR — Diversidades e (in)tolerâncias religiosas*. Universidade de São Paulo, 29 a 31 de outubro de 2013.

ANSELMO, Octacílio. *Padre Cícero:* mito e realidade. Rio de Janeiro: Civilização Brasileira, 1968.

ARAÚJO, Antônio Amaury Correia de; FERNANDEZ, Leandro Cardoso. *Lampião, a medicina e o cangaço. Aspectos médicos do cangaceirismo*. São Paulo: Traço, 2005.

ARAÚJO NETO, Vitor. *Estudo das atividades antinociceptiva, anti-inflamatória e antioxidante da Sideoxylon obtusifolium (Roem, Schult) T. D. Penn — Sapotaceae*. Dissertação de mestrado em Biotecnologia em recursos naturais. São Cristovão: UFSE, 2009.

ARAÚJO NETO, Vitor; BONFIM, Rangel R.; OLIVEIRA, Walter, O. B. *et al*. Therapeutic benefits of *Sideoxylon obtusifolium* (Humb, ex Roen. & Schult T. D. Penn). Sapotaceae, in experimental models of pain and inflamation. *Rev. Bras. Farmacogn.*, v. 20 (6), Epub, nov.19, 2010.

ARAÚJO, Iaperi. *A cabeça do rei. A morte e a morte de Virgulino Ferreira da Silva, Lampião*. Natal: Nordeste Gráfica, 2007.

BALTAZAR, Alejandro L. *Hipótese da aparência na dinâmica do uso de plantas medicinais na Floresta Nacional do Araripe (Ceará, Nordeste do Brasil).* Dissertação e mestrado em Botânica — Universidade Rural do Pernambuco UFRP, 2012.

BARNES, J.; ANDERSON, L. A.; PHILLIPSON, J. D. *et al. Herbal medicines:* a guide for Healthcare professionais. 2. ed. London: Pharmaceutical, 2002.

BARROS, Luitgarde Oliveira. *A terra da mãe de Deus:* um estudo do movimento religioso de Juazeiro do Norte. Rio de Janeiro: Francisco Alves, MINC-INL, 1988.

BEZERRA, Denise Aline Casimiro; RODRIGUES, Fabíola Fernandes G.; COSTA, José Gualberto M. *et al.* Abordagem fitoquímica, composição bromatológica e atividade antibacteriana de *Mimosa tenuiflora* (Wild) Poiret E *Piptadenia stipulacea* (Benth) Ducke. Acta *Scientiarum. Biological Sciences,* Maringá, v. 33 (1), p. 99-106, 2011.

BEZERRA, Osicleide de Lima. *Trabalho, pobreza e caridade:* as ações do Padre Ibiapina nos sertões do Nordeste. Tese de doutorado em Ciências Sociais da Universidade do Rio Grande do Norte, 2010.

BEZERRA, Maria Cristiane; COSTA, Antônio Fernando, J. Lobo; CORDEIRO, Aurylene *et al.* Ex-votos: manifestação de fé e cultura popular em Juazeiro do Norte — CE. *Revista Brasileira de Medicina de Família e Comunidade,* v. 7, 2012.

BOMFIM, Karina de Barros Rosa. Farmacologia de plantas medicinais analgésicas de uso popular da caatinga. Poço Redondo, SE. *Revista do NESSA,* v. 3, 2010.

BOUTY, Lúcio Flávio Marinho. *Toxicidade aguda e atividade leishmanicida deextratos de Annona muricata e Dimorphandra gardneriana* [recurso eletrônico]. Dissertação de mestrado Universidade Estadual do Ceará, 2015.

BRAGA, A. M. C. *Padre Cícero:* sociologia de um padre, antropologia de um santo. Bauru: EDUC, 2008.

BRAGA, Renato. *História da comissão científica de exploração.* Fortaleza: Demócrito Rocha, 2004.

______ . *Plantas do nordeste, especialmente do Ceará.* Mossoró: Fundação Guimarães Duque/Fundação Vingt Un Rosado, 2001 (Coleção Mossorense Série "C", v. 1204.)

BRAVO, J. A. B.; SAUVAIN, M.; GIMENEZ, A. *Phytochemistry,* 50, p. 71, 1999.

BRITO, A. The antinociceptive and anti-inflammatory activities of *Piptadenia stipulacea* Benth. (Fabaceae).

BRITO, Hélio Rodrigues. Caracterização química de óleos essenciais de *Spondias mombin* L., *Spondias purpúrea* L., *Spondias sp* (cajarana do sertão). Dissertação em Ciências Florestais. Universidade Federal de Campina Grande, 2010.

BRITO, Milton de. *Crescimento de plantas de umbuzeiro (Spondias tuberosa Arruda).* Disponível em: <www.spondias tuberosa arruda —umbubrasil.gex.com.br>. Acesso em: 20.4.2015.

BUSSADORI, Celene Marques. *Avaliação de enxaguatórios bucais na atividade biológica do biofilm formado em braquetes ortodônticos.* Dissertação em Bioengenharia. Escola de Engenharia de São Carlos, Faculdade de Medicina de Ribeirão Preto, Instituto de Química de São Carlos, Universidade de São Paulo, 2013.

CAMARGO, Maria Thereza L. A. *Pajelança a dois. Um estudo comparativo entre Meleagro de Luís da Câmara Cascudo e Namoros com a medicina de Mário de Andrade.* Natal: EDUFRN, 2011.

______. *A contribuição da obra de Michel Giacometti "Artes de cura e espanta males, nos estudos de campos semânticos nos processos de formação e derivação dos vocábulos designativos de doenças, na medicina popular em Portugal e no Brasil.* Lisboa: Apenas Lvros, 2014. (Coleção A mão de respigar 54).

______. O bálsamo de Ferrabrás. *Revista do Instituto Histórico e Geográfico de Goiás*, Goiânia, ano 10 (10), 1982.

______. *As plantas medicinais e o sagrado. A Etnofarmacobotânica em uma revisão historiográfica da medicinapopular no Brasil.* São Paulo: Ícone, 2014.

______. A religiosidade na medicina popular. In: PUTTINI, Rodolfo F.; ALBUQUERQUE, Leila M. B. (orgs.). *Aventuras antropológicas no campo da saúde* São Paulo: Annablume; Fapesp, 2013.

CAMARGO, Maria Thereza L. A.; CAMARGO NETO, Aristides de Arruda. *A fazenda Ipueirascenário de históricas decisões cangaceiras.* Blog Cariri Cangaço 4, Juazeiro do Norte, 2014.

______. A garrafada na medicina popular: uma revisão historiográfica. *Dominguezia*, v. 27, (1), 2011.

______. *Pajelança a dois:* um estudo comparativo entre Meleagro de Luís da Câmara Cascudo. Natal: EDUFRN, 2011.

______. *Namoros com a medicina de Mário de Andrade.* Natal: EDUFRN, 2011.

______. O bálsamo de Ferrabras. *Revista do Instituto Histórico e Geográfico de Goiás*, Goiânia, ano 10 (10), 1982.

CAMARGO NETO, Aristides de Arruda; CAMARGO, Maria Thereza L. Arruda. *A fazenda Ipueiras cenário de históricas decisões cangaceiras.* Blog Cariri Cangaço 4, Juazeiro do Norte, 2014.

CAMPOS, A. R.; LIMA JR., R. C. P.; UCHOA, D. E. A. *et al.* Pre-erctile effects of an alkaloidal rich fraction from *Aspidosperma ulei* root bark in mice. *Journal of Ethnopharmacology*, v. 104, p. 240-244, 2006.

CANUTO, Kirley M.; SILVEIRA, Edilberto R. Estudo fitoquímico de especimens cultivados de Cumaru (*Amburnacearensis* A. C. Smith). *Química Nova*, v. 33, (3), p. 662-666, 2010.

CARLINI, Elisaldo A.; RODRIGUES, Eliana; MENDES, Fúlvio Rieli *et al.* Da planta medicinal ao medicamento. *Scientiphic American Society*, 2007.

CARNEIRO, Arlys J. O. L. *Lino Investigação da ocorrência de lectinas na espécie Sideroxylon obtusifolium através de ensaios de hemoaglutinação.* Universidade do Pernambuco — UPE, 2010.

______. *Inibição por carbonidrato.* Universidade do Pernambuco — UPE, 2010.

CARNEIRO, Henrique. S. *Afrodisíacos e alucinógenos nos herbários modernos: a história moral da botânica e da farmácia (séculos XVI ao XVIII).* Tese (Doutoramento) Faculdade de Filosofia, Letras e Ciências Humanas da Universidade de São Paulo, 1997.

CARVALHO, Daniel M.; Amorim, Elba Lúcia Cavalcanti. *Avaliação da atividade antioxidante e dos teores de tanino de plantas nativas da caatinga usadas popularmente para transtornos do sistema respiratório.* CTG-UFPE, 2001.

CARVALHO, Daniella K. *Princípios ativos de plantas medicinais.* Curso de Enfermagem Disciplina: Fitoterapia — Universidade do Sul de Santa Catarina [s.d.].

CARVALHO, Gilmar. João Pedro do Juazeiro e do mundo. *Cariri Revista*, edição 7: 49 [s. d.].

CARVALHO, Paulo Ernani Ramalho. Juazeiro (*Zyzyphus joazeiro*). *Circular Técnica 139*, Embrapa, Colombo, nov. 2007.

CARVALHO, Paulo Hernani. Pau-Branco-do-Sertão *(Auxemma oncocalyx). Circular Técnica*, 153, Colombo, 2008.

CASCUDO, Luís da Câmara. *Meleagro.* Rio de Janeiro/São Paulo/Belo Horizonte: Agir, 1951.

CASTRO, Sérgio Antônio; CAVALCANTE, Ambrósio. *Flores da caatinga.* Campina Grande: Instituto Nacional do Semiárido, 2011.

CATÁLOGO de Extratos Fluidos Silva Araújo. Organizada e revista pelo Dr. Silva Araújo. Rio de Janeiro, 1930.

CAVALCANTE, Alfa. *Plantas medicinais e saúde bucal:* estudo etnobotânico, Atividade antimicrobiana e potencial para interação medicamentosa. [Dissertação]. João Pessoa: Faculdade de Odontologia, UFPB, 2010.

CAVALHEIRO, Mariana G.; FARIAS, Davi F.; FERNANDES, Geórgia Sampaio *et al* Atividades biológicas e enzimáticas do extrato aquoso de sementes de *Caesalpinia ferrea* Mart., Leguminosae. *Revista Brasileira de Farmacognosia/Brazilian Journal of Pharmacognosy,* 19(2B), p. 586-591, abr./jun. 2009.

CECHINEL FILHO, V. Chemical composition and biological potential of plants from the genus *Bauhinia. Phytotherapy Research,* v. 23, p. 1347-1354, 2009.

CEZAR, Getúlio. *Crendices do Nordeste.* Rio de Janeiro: Irmãos Pongetti, 1941.

CHERNOVIZ, Pedro Napoleão. *Diccionário de medicina popular e das ciências acessórias.* 6. ed. Paris: Roger & Chernoviz, 1890.

COIMBRA, R. *Manual de fitoterapia.* 2. ed. Belém: CEJUP, 1994.

CORREIA, Elisabeth C. *Plantas medicinais de uso popular no Estado de Sergipe.* Aracaju: UNIT, 2000.

COSTA-LOTUFO, L. V.; JIMENEZ, P. C.; WILKE, D. V.; LEAL, *et al. Naturforsch.,* C. J. Biosci, 58, p. 675, 2003.

COUTINHO, Leopoldo Magno. *Curso de ciências biológicas.* 6. ed. São Paulo: Cultrix [s.d.]. v. 2: Botânica.

CRAVEIRO, A. A.; FERNANDES, Afrânio; ANDRADE, Carlos Humberto Souza *et al. Óleos essenciais de plantas do Nordeste.* Fortaleza: UFC, 1981.

CRAVEIRO, A. A.; MATOS, F. J. A.; SERUR, L. M. *Phytochemistry,* 22, p. 1526, 1983.

CUNHA, Antônio P.; RIBEIRO, José Alves; ROQUE, Odete R. *O emprego das Plantas aromáticas desde as antigas civilizações até o presente.* Disponível em: <www.antoniop-cunha.com.sapo.pt/cap1arom.htm>. Acesso em: 8.1.2012.

CUNHA, P. L. R.; VIEIRA, I. G. P.; ARRIAGA, A. M. C. *et al.* Isolation and characterization of galactomannan from *Dimorphandra gardneriana* Tul. Seeds as a portential guar gum substitute. *Food Hydrocolloids,* v. 23, p. 880-885, 2009.

CUNHA, Arcelina P.; UCHÔA, Antônia F. J.; ALMEIDA, Raimundo R. *Desenvolvimento de membranas de alginato e pectina associadas a bioativos vegetais para tratamento em queimaduras.* Trabalho apresentado no Congresso Latino-Americano de Orgãos artificiais e biomateriais. Natal RN de 22 a 25 de agosto de 2012.

DA MATTA, Alfredo A. *Flora médica brasiliense.* Manaus: Imprensa Oficial, 1914.

DAMASCENA, N. P.; CURVELLO, R. L.; LIMA, A. D. C. D. *et al. Atividade antioxidante Do extrato hidroetanólico e frações da entrecasca de Anadenanthera colubrina* (Vell.) Bren. *VII Reunião Regional da FeSBE* — Regional, s/l, 2012.

DANTAS, J. D. P. Contribuição científica à medicina tradicional dos Tapebas do Ceará: *Astronium urundeuva* (Allemão) Engl. — (aroeira-do-sertão). Monografia de graduação do curso de química da Universidade Estadual do Ceará, 2003.

DANTAS, Vanderleia dos Santos; DANTAS, Ivan Coelho; CHAVES, Thiago Pereira *et al.* Análise das garrafadas indicadas pelos raizeiros na cidade de Campina Grande — PB. *Biofar,* v. 3, n. 1, 2008.

DELLA CAV, Ralphy. *Milagre em Juazeiro.* Rio de Janeiro: Paz e Terra, 1985.

DESMARCHELIER, C.; ROMÃO, R. L.; COUSSIO, J.; CICCIA, G. Antioxidant and free radical scavenging activities in extracts from medicinal trees used in the 'Caatinga' region in northeastern Brazil. *Journal of Ethnopharmacology,* 67, p. 69-77, 1999.

DEUSIELLY, A.; AQUINO, N.; ARAÚJO, R. *et al. Atividade Antimicrobiana do óleo essencial de aroeira-do-sertão, quimiotipo:* alfa-pineno. Trabalho apresentado no 53º Congresso Brasileiro de Química. Rio de Janeiro/RJ, de 14 a 18 de outubro de 2013.

DIAS, J. J. Sousa. *História da farmácia e dos medicamentos.* Organizado por Ricard Fernandes de Menezes. Disponível em: <www.acd.ufrj.br/consumo/leituras/lm_historiafarmaciamed.pdf>.

DINIS, Margareth de Fátima F. Melo; OLIVEIRA, Rinalda Araújo G. de; MEDEIROS, Ana Cláudia Dantas de *et al. Memento de plantas medicinais. As plantas como Alternativa terapêutica:* aspectos populares e científicos. João Pessoa: Universitária, 2006.

DI STASI, Luiz Claudio (org.). *Plantas medicinais. Arte e ciência. Um guia de estudo interdisciplinar.* São Paulo: Universidade Estadual Paulista, 1996.

DUARTE, L. Restos de araucárias da Formação Santana, Membro Crato (Aptianol), NEdo Brasil. *Anais da Academia de Ciências,* 65, p. 357-223.

ENCICLOPÉDIA dos Municípios. Rio de Janeiro: IBGE, 1959. v. XVI.

FERNANDES, Carlos A. D.; NAKASHIMA, Tomoe; SERRA, Gil E. Novas contribuições ao estudo da galactomanana bruta extraída de sementes de *Senna spectabilis* DC. *Acta Farm. Bonaerense,* 23 (3), p. 353-8, 2004).

FERNANDES, José Martins. Jatobá (*Hymenaea courbaril* l — Leguminosae, Caesalpinioideae): uso medicinal, cultivo e contribuições para a espécie. *Plantas Medicinais,* n. 18, 2006.

FERRI, Mário Guimarães; MENEZES, Nanuza Luiza de; SCANAVACCA, Walkiria R. Monteiro. *Glossário de termosbotânicos*. São Paulo: Edgard Blucher/Edusp, 1971.

FUMAGALI, E. *et al.* Produção de metabólitos secundários em cultura de células e tecidos de plantas: o exemplo dos gêneros Tabernaemontana e Aspidosperma. *Revista Brasileira de Farmacognosia*, João Pessoa, v. 18, n. 4, 2008.

GIULIETTE, Ana Maria; HARLEY, R.; QUEIROZ, L. P.; BARBOSA, M. R. P.; DU BOCAGE-NETA, A. L.; FIGUEIREDO, M. A. Espécies endêmicas da caatinga. In: SAMPAIO, E. V. S. B.; GIULIETTI, Ana Maria; VIRGINIO, J.; GAMARR-ROJAS, C. F. (eds.). *Vegetação da flora da Caatinga*. Associação Plantas do Nordeste. APNE; Centro Nordestino de Informações sobre Plantas; Recife, 2007.

GIULIETTE, Ana Maria; NETA, Ana Luiza du Bocage; CASTRO, Antônio Alberto J. F. *et al.* Diagnóstico da vegetação nativa do bioma Caatinga. *Royal Botanical Garden*, Kew [s.d.].

GOFF, Jacques Le. *Homens e mulheres da Idade Média*. São Paulo: Estação Liberdade, 2013.

GONZALEZ, Fabrina Gaspar. *Estudo farmacognóstico e farmacológico de Caesalpinea férrea Martius*. Tese de doutoramento — Faculdade de Ciências Farmacêuticas — USP, 2005.

GROSSMAN, L. *Óleos essenciais na culinária, cosmética e saúde*. São Paulo: Optionline, 2005.

GRÜNEWALD, Rodrigo. *Jurema e novas religiosidades metropolitanas*. Núcleo de Estudos Interdisciplinares sobre Psicoativos (NEIP), 2009.

GUIMARÃES, Maria. Dimensões do olfato. *Pesquisa Fapesp* 220, p. 41, jun. 2014.

GUIMARÃES, Isaias Porfírio; COELHO, Maria de Fátima C.; AZEVEDO, Rodrigo Aleixo C. de. Pau branco (*cordia oncocalix* all.) — Boraginaceae: árvore endêmica da caatinga. *Revista Verde de Agroecologia e Desenvolvimento sustentável*, v. 9 (4), 2014.

HARBONE, J. B.; GRAYER, R. J. *Flavonoides, advances in research Science*, 1980. (ed. J. B. Harbone) 1-20 (Chapman and Hall, London, 1988).

HOEHNE, F.C. *O que vendem os hervaneiros na cidade de São Paulo*. São Paulo, Serviço Sanitário do Estado de São Paulo, (14), 1920.

ITO, Adriela Albino Rydlewski. *Determinação da atividade antioxidante e composição físico-química de diferentes partes de quatro frutas brasileiras*. Dissertação em Ciência dos Alimentos. Universidade Estadual de Maringá, 2013.

JENSEN, Franz Streiner. *Mito y culto entre pueblos primitivos*. México: Fondo de Cultura Económico, 1966.

JOLY, Aylthon B. Botânica. *Introdução à taxonomia vegetal*. 3. ed. São Paulo: Nacional, 1976.

JUCA NETO, Clovis Ramiro. *Desenhando o Ceará*. 3º Simpósio Iberoamericano da História da Cartografia. Agendas para a História da Cartografia Iberoamericana. São Paulo: Universidade de São Paulo, abr. 2010.

LANGGAARD, Theodoro J. H. *Diccionario de medicina domestica e popular*. 2. ed. Rio de Janeiro: Eduardo & Henrique Laemmert, 1873. v. 3.

LE GOFF, Jacques (org.). *Homens e mulheres da Idade Média*. São Paulo: Estação Liberdade, 2013.

LEAL, Kalyne Almeida Moreira. *Pharmacological and technologal aspects of cumaru (Amburana cearensis* A. C. Smith).

LEAL, Kalyne Almeida Moreira; NOBRE-JÚNIOR, H. V.; CUNHA, G. M. A. *et al. Neurosci. Lett*, 388, p. 86, 2005.

LEAL, Kalyne Almeida Moreira; NECHIO, M.; Silveira, E. R.; CANUTO, K. M., *et al. Phytother. Res.*, 17, p. 335, 2003.

LEAL, Catarina C.; FERREIRA, Manuela A. *Cuidados de higiene e de saúde em uma Comunidade monástica do século XVII:* o caso do Mosteiro de Santa Clara-a-Velha de Coimbra. Portugália Nova série v. XXVII-XXVIII, 2006/2007.

LEAL, André Júnior de Brito; DANTAS, Ivan Coelho; CHAVES, Thiago Pereira *et al.* Estudo fitoquímico antimicrobiano de *Ceiba glaziovii* kuntze k. Schum. *Biofar*, v. 5 (1) 2011.

LEITE, N. S.; LIMA, A. P.; ARAÚJO NETO, V. *et al.* Evaluation of the cicatrizing, topical anti-inflammatory and antioxidant activities of the ethanol extract of *Sideroxylon obtusifolium. Rev. Bras. Plantas Med.*, Botucatu, v. 17, n. 1, jan./mar. 2015.

LEMOS, Jesus Rodrigues; ZAPPI, Daniela Cristina. Distribuição geográfica de plantas lenhosas da Estação Ecológica de Aiuca, Ceará, Brasil. *Revista Brasileira de Biociências*, Porto Alegre, v. 10 (4), p. 446-456, out/dez. 2002.

LEWIS, W. H.; ELVIN-LEWIS, M. P. F. *Medical botany-Plants effecting man's health*. New York: John Wiley & Sons, 1977.

LIMA, Oswaldo Gonçalves de. *Pulque, balchê e pajauaru*. Recife: Univ. Federal do Pernambuco, 1975.

______. Observações sobre o vinho de jurema utilizado pelos índios Pankararu de Tacaratú (PE). *Arquivos do Instituto de Pesquisas Agronômicas*, Recife, 4, p. 46-80, 1946.

LIMA, José Franciraldo. *Estabelecimento da cultura de células em suspensão de Bauhinia forficata Link como fonte de metabólitos bioativos*. Dissertação de Mestrado em Produtos Naturais e Sintéticos — Faculdade de Ciências farmacêuticas de Ribeirão Preto — USP, 2009.

LORENZI, H. *Árvores brasileiras:* manual de identificação e cultivo de plantas arbóreas nativas do Brasil. Nova Odessa Plantarum, 2000. v.1.

LORENZI, H.; MATOS, F. J. A. *Plantas medicinais no Brasil: nativas e exóticas*. Nova Odessa: Instituto Plantarum, 2008.

______. *Plantas medicinais do Brasil:* nativas e exóticas. Nova Odessa: Instituto Plantarum, 2002.

LORENZI, H.; BACHER, L.; LACERDA, M.; SARTORI, S. *Frutas brasileiras e exóticas cultivadas (de consumo* in natura). São Paulo: Instituto Plantarum de Estudos da Flora, 2006.

LUETZELBURG, Philipp von. *Estudo Botânico do Nordeste*. Edição Fac-similada. Rio de Janeiro: Ministério da Viação e Obras Públicas: 1922/1923. v. 2. Coleção Mossorense v. CLXVI — ISAM/CNPq.

MAGALHÃES, Maria de Fátima. O. *Imagens contraditórias da figura popular de Padre Cícero:* mitificação e desmitificação. Dissertação de mestrado — PUC-SP. Literatura e Crítica Literária; 2012.

MAIA, G. N. *Caatinga:* árvores e arbustos e suas utilidades. São Paulo: D&Z, 2004.

MARCGRAVE, Jorge. *História Natural do Brasil.* Tradução do original publicado na José Procópio de Magalhães [1648]. São Paulo: Imprensa Oficial Estado, 1942.

MARIZ, Celso. *Ibiapina:* um apóstolo do Nordeste. João Pessoa: A União, 1942. (Academia Paraibana de Letras).

MARQUES, Graziella Silvestre; LYRA, Magaly Andreza Marques; PEIXOTO, Monize *et al.* Caracterização fitoquímica e físico-química das folhas de *Bauhinia forficata*. *Revista de Ciências Farmacêuticas Básica e Aplicada,* v. 33, (1), 2012.

MASS, G.; MINIATI, E. *Antocyanins in fuits, vegetables and grains*. London: CRC, 1993.

MATOS, Francisco José de Abreu. Formulário fitoterápico do Professor Dias da Rocha. Coleção Mossorense v. 365; Coleção ESAM ano XX, v. 18, 1987.

MEDEIROS, Viviane F.; XIMENES, Maria Fátima F. M.; SOUZA, João Pedro da Costa. Potencial larvicida de plantas do semiárido do nordeste do Brasil no controle de *Aedes aegypti. VII CONNEP* — Palmas, Tocantins — 19-21 de outubro de 2013.

MELO, Pimentel L. de; BASSO, Fabiana de Arantes; SIQUEIRA FILHO, José Alves de. Restauração ecológica da caatinga: desafios e oportunidades. In: SIQUEIRA MELLO, Frederico Pernambucano de. *Guerreiros do sol.* São Paulo: A Girafa, 2005.

______. *O Sertão. Da Caatinga, dos Santos, dos Beatos e dos Cabras da Peste.* Organizador Emanuel Araújo. São Paulo: Museu Afro Brasil, 2012.

MENEZES, F. de. S.; MINTO, A. B. M.; RUELA, H. S. *et al.* Hypoglicemic activity of two Brazilian *Bauhinia* species: *Bauhinia forficata* L. and *Bauhinia monandra* Kurz. *Revista Brasileira de Farmacognosia,* v. 17, n. 1, p. 8-13, jan./mar. 2007.

MOURA, Fernanda Maria L. de; SÁ, Maria da Conceição Aquino; LIBÓRIO, Rafael Cunha *et al.* Atividade antimicrobiana *in vitro* de *Amburana cearenses* A. C. Smith sobre *Salmonellas pp.* de origem alimentar. *XIII Jornada de Ensino, Pesquisa e Extensão* — JEPEX 2013 — UFRPE: Recife, 9 a 13 de dezembro de 2013.

NEGRÃO, Líseas Nogueira. Messianismo, movimento messiânico e milenarismo. *Revista USP,* São Paulo (82), p. 32-45, jun./ago. 2009.

NETO, Lira. *Padre Cícero que conheci:* verdadeira história de Juazeiro do Norte. Fortaleza: Premius, 2001.

NEVES, Napoleão Tavares. *Cariri:* ninho da História regional, berço de heróis, de mártires e de santos. Edições IPESC-URCA; 1997.

NOBRE, Elianne dos Santos. *Caminhos da santidade:* as biografias espirituais das beatas de Ibiapinano jornal "A voz da região no Cariri" (1868-1870). *Revista Nures,* ano VII (19), set./dez. 2011.

NOGUEIRA, Salvador. As bactérias que comiam pterossauros. Fósseis de micro-organismos fora encontrados na crista de réptil voador que viveu há 115 milhões de anos. *Pesquisa FAPESP,* 191, p. 61, jan. 2012.

______. As bactérias que comíam os pterosauros. *Pesquisa Fapesp,* 196, 43, jun. 2012.

OLIVEIRA, Alberto Rodrigues. *Da fé à promoção social:* atividade missionária de Padre Ibiapina. Dissertação em Ciências da Religião: Universidade Católica de Pernambuco, 2007.

OLIVEIRA, C. S. C.; PEREIRA. E. P. L.; RIBEIRO, P. R. *et al. Fenóis totais e atividade antioxidante deMyracrodruon urundeuva Fr. All Allemao e Schinus terebinthifolius Raddi.*

Trabalho apresentado no 50º Congresso Brasileiro de Química. Cuiabá MT, de 10 a 14 de outubro de 2010.

OLIVEIRA, Felipe R. P.; NASCIMENTO, Marcia S. Análise dos compostos Secundários das plantas hospedeiras de galhas entomógenas da caatinga. *XV Congresso de Iniciação Científica da Universidade Federal do Pernambuco* — UFP, 2007.

OLIVEIRA, José Cândido Selva de; OLIVEIRA, Lourinalda Luiza D. da S. S.; DAVID, Jorge Mauricio. *Flavona e terpenóides das cascas da raiz de Caesalpinia Pyramidalis Tul.* (Leguminosae). Trabalho apresentado na 33ª Reunião Anual da Sociedade Brasileira de Química.

OLIVEIRA, Raquel Vieira. *Bioma Caatinga.* Amigo Nerd. Net Política e Legislação Florestal do Bioma Caatinga [s. d.].

OLIVEIRA, Xavier. *Beatos e cangaceiros*: história real, observação pessoal e impressão psychologica de alguns dos mais célebres cangaceiros do nordeste. Rio de Janeiro, 1920.

SILVA, Elaine Caroline do Nascimento E.; CAETANO, Aline de Paula; PEREIRA, Jorge *et al.* Instruções de viagem para investigação científica do território brasileiro. *Revista da SBHC,* Rio de Janeiro, v. 3 (1) , p. 58-79, 2005.

PAULINO, Renan de C.; HENRIQUES, Gabrielly P. S. A.; COELHO, Sandra. Contribuição ao conhecimento e conservação da laranjinha. *Interações Campo Grande,* v. 12 (2) , p. 215-223 2011.

PAULINO, Renan de C.; RENAN; Henriques, G. Paula de Azevedo; COELHO, Maria de Fátima Barbosa *et al.* Contribuição ao conhecimento e conservação da laranjinha. *Interações,* Campo Grande, v. 12, n. 2, jul./dec. 2011.

PEREIRA, Carla K. B.; RODRIGUES, Fabiola F. G.; MOTA, Magaly L. *et al.* Composição química, atividade antimicrobiana e toxicidade do óleo essencial de *Hymenaea courbaril* (jatobá). Sociedade Brasileira de Química (SBQ). 30ª Reunião Anual da Sociedade Brasileira de Química, [s. d.].

PEREIRA, Lívia de Paulo. *Atividade anti-inflamatória de polissacarídeos isolados das plantas Caesalpinia ferrea* e *Azadirachta indica.* Dissertação em Ciências Fisiológicas. Universidade Estadual do Ceará, 2011.

PEREIRA, Pedro Silvino; BARROS, Luiz Merivando; BRITO, Andréa Matos *et al.* Uso da *Myracroduon urundeuva* Allemão (aroeira do sertão) pelos agricultores no tratamento de doenças. *Revista Cubana de Plantas Medicinales,* v. 19 (91), 2014.

PERES, L. E. P. *Metabolismo secundário*. UFPel. 2004. Disponível em: <http://www2.ufpel.edu.br/biotecnologia/gbiotec/site/content/paginadoprofessor/uploadsprofessor/ce5449dfcf0e02f741a5af86c3c5ae9a.pdf?PHPSESSID=e32d8df36f-08f86ef80010a253f33762>. Acesso em: 31.3.2016.

PERNOUD, Regine. *Hildegard de Bingen:* a consciência inspirada do século XII. Trad. Eloá Jacobina. Rio de Janeiro: Rocco, 1996.

PINHEIRO, Mirtes Enilia. *As herboristas nas literaturas antiga e medieval:* Circe, Hildegarda de Bingen e Isolda. Mestrado em Estudos Clássicos e Medievais da Universidade Federal de Minas Gerais, 2012.

PISO, Guilherme. *História natural do Brasil ilustrada*. São Paulo: Nacional, 1948.

PONTE, F. C.; PONTE-FILHO, F. C. *Estrutura geológica e evolução tectônica da Bacia do Araripe*. Departamento Nacional de Produção Mineral/MME, Rio de Janeiro, Brasil, 1996.

POTIER, Robson William. *Sertão praticado, sertão representado:* a caatinga como espaço de fartura ou privação, de ficar ou de passar. Universidade Federal do Rio Grande do Norte.

PRADO, D. E. *A critical evaluation of the florisric links between Chaco and caatingas vegetation in South America*. Tese de doutorado. University of St. Andrews, Scotland, 1991.

QUER, P. Font. *Plantas medicinales. El dioscorides renovado*. Espanha: Labor, 1978.

QUEIROZ, Aline Cavalcanti de; LIRAB, Daysianne Pereira de; DIASA, Thays de Lima Matos Freire *et al*. The antinociceptive and anti-inflammatory activities of *Piptadenia stipulacea* Benth (Fabaceae). *Journal of Thnopharmacology*, v. 128, Issue 2, p. 377-383, 24 march 2010.

QUEIROZ, Maria Isaura Pereira de; CASTALDI, Carlos; DURHAN, Maria Eunice Ribeiro *et al*. *Estudos de Sociologia e História*. São Paulo: Anhembi, 1957.

RAMOS, M. A.; ALBUQUERQUE, U. P.; AMORIM, E. L. C. *O comércio de plantas medicinais em mercados públicos e feiras livres*: estudo de caso. Tópicos de conservação, NUPEEA/Sociedade de Etnobilogia e Etnoecologia, 2005.

RAUPP, I. F. M. *Efeito ansiolpítico da administração do estrato de Erythrina velutina no labirinto em cruz elevada*. Dissertação em Farmacologia — Universidade Federal do Paraná, 2006.

REZENDE, Larissa C.; OLIVEIRA, Tais S.; ALVES, Clayton Q. *et al*. *Fenólicos totais e atividade antioxidante de frutas tropicais da Bahia*. Trabalho apresentado na 32ª Reunião Anual da Sociedade Brasileira de Química [s. d.].

RIBEIRO, A. R. S.; DINIS, P. B. F.; ESTEVAM, C. S. *et al. Avaliação do efeito gastroprotetor de extrato etanólico da* Caesalpinia pyramidalis *em úlceras gástricas induzidas por anti-inflamatório não esteroidal*. Trabalho apresentado na VII Reunião Regional da FeSBE — Farmacologia, Toxicologia, Produtos Naturais e Química — S/l, Regional, 2012.

RIBEIRO, Josiane Maria de Castro. *Entre a penitência do corpo e o corpo em festa:* uma análise das missões do padre Ibiapina no Ceará (1860 — 1883). Dissertação (mestrado). Universidade Federal do Ceará. Fortaleza, 2003.

RIBEIRO-SILVA; Suelma; SCARIIOT, Aldicir Scariot; MEDEIROS, Marcelo Brilhante. Uso e Práticas de Manejo de Faveira (Dimorphandra gardneriana Tul.) na Região da Chapada. *Biodiversidade Brasileira*, 2(2), p. 65-73, 2012.

RICARDO, Luisiane G. P. de Souza. *Estudo etnobotânico e prospecção fitoquímica de plantas medicinais utilizadas na comunidade do Horto*. Juazeiro do Norte. Dissertação de mestrado. Universidade Federal de Campina Grande, 2011.

RIVERA-ARCE, E; CHÁVEZ-SOTO, M. A.; HERRERA ARELLANO, A.; ARZATE, S.; AGÜERO, J.; FERIA ROMERO, I. A.; CRUZ-GUZMÁN, A.; LOZOYA, X. Pharmacognostical studies of the plant drug *Mimosaetenuiflorae* cortex. *Journal of Ethnopharmacology*, v. 113, (3), p. 400-408, 2007.

RIZZINI, Carlos Toledo; MORS, Walter B. *Botânica econômica brasileira.* São Paulo: Universidade de São Paulo (EDUSP), 1976.

ROCHA, Francisco Dias da. *Botânica médica cearense*. Fortaleza: Carneiro, 1919.

ROLIM, T. L. Estudo fitoquimico de *Byrsonima gardneriana A.* Juss (*Malpighiaceae*). Dissertação de Mestrado — Universidade Federal da Paraíba — João Pessoa, 2009.

ROMERO, Sílvio. *Cantos populares do Brasil*. Rio de Janeiro: Anais da Biblioteca Nacional, 1954. v. 9.

RUELA, Halliny S.; RUELA; Leal Ivana C. R.; BRANCO, Morgana T. L. C. *et al. Bumelia sartorum* Mart.: avaliação da atividade citotóxica. Efeito hipoglicêmico dos extratos de *Bumelia sartorum* ricos em substâncias fenólicas. 32ª Reunião Anual da Sociedade Brasileira de Química [s. d.].

SÁ, S. M. A.; ALMEIDA, C. F. C. B. R.; AMORIM, E. L. C. *et al.* Usos populares de plantas medicinais. Um estudo com pacientes do Hospital das Clínicas da Universidade Federal de Pernambuco. In: ALVES, Ângelo Giuseppe Chaves; LUCENA, Reinaldo Farias Paiva de; ALBUQUERQUE Ulysses Paulino de. (orgs.). *Atualidades em etnobiologia e etnoecologia.* Recife: NUPEEA/Sociedade Brasileira de Etnobiologia e Etnoecologia, 2005.

SÁ, S. M. A.; HOFMANN, Albert; RÄTSCH, Christian. *Plants of the gods.* Rochester: Realing Arts, 2001.

SAAVEDRA, Miguel de Cervantes. *Don Quichote de la Mancha.* Porto: Chardron, 1908. v. 2: Capítulos X e XVII.

SALATINO, Antônio. *Plantas medicinais. Histórico, princípios ativos e usos.* Universidade de São Paulo — Instituto de Biociências. Departamento de Botânica Plantas medicinais — Histórico, princípios ativos e usos.

SAMPAIO, Everardo Valadares de Sá Barretto. Características e potencialidades. In: *Caracterização do bioma caatinga.* Brasília: Serviço Florestal Brasileiro, 2010.

SAMPAIO, Francisco Antônio. *História dos reinos vegetal, animal e mineral do Brasil pertencente à medicina.* Rio de Janeiro: Anais da Biblioteca Nacional, 1971 [1782].

SANTANA, Danielle Gomes. Efeito do extrato etanólico de *Caesealpinia Pyramidalis* Tul. na pancreatite aguda em ratos. Dissertação de mestrado em medicina — Universidade Federal de Sergipe, 2011.

SANTOS, Antonio Carlito Bezerra dos; SILVA, Maria Arlene Pessôa da; SOUZA, Renata Kelly Dias *et al.* Levantamento florístico das espécies utilizadas na arborização de praças no Município de Crato CE. Universidade Regional do Cariri. *Caderno de Cultura e Ciência,* ano VI, v. 10, (1), dez. 2011.

SANTOS, C. A. *Estudofarmacológico do extrato etanólico da entrecasca da Caesalpinia pyramidalis Tul. (Leguminosae).* Dissertação (Mestrado em Ciências da Saúde). Núcleo de Pós-Graduação em Medicina, Pró Reitoria de Pós-Graduação e Pesquisa, Universidade Federal de Sergipe, 2010.

SANTOS, Cliomar A. *et al.* Antinociceptive and anti-inflammatory effects of *Caesalpinia pyramidalis* in rodents. *Rev. Bras. Farmacogn,* v. 21, n. 6, p. 1077-1083, 2011.

SANTOS, Fernando Santiago dos. *As plantas brasileiras, os jesuítas e os indígenas do Brasil:* história e ciência na Triaga Brasílica (século XVII-XVIII). São Paulo: Novo Autor, 2009.

SANTOS, Jocélio Teles. *O dono da terra. O caboclo nos candomblés da Bahia.* Salvador: Sarah Letras, 1995.

SANTOS, Márcio Barros dos; CARDOSO, Luís Cardoso; FONSECA, Antônio A. Oliveira *et. al.* Caracterização e qualidade de frutos de umbu-cajá *(Spondias tuberosa X S. mombin)* provenientes do recôncavo sul da Bahia. *Rev. Bras. Frutic.,* Jaboticabal, v. 32, n. 4, p. 1089-1097, dez. 2010.

SANTOS, Petrushka Bezerra. *Contribuição ao estudo químico, bromatológico e Atividade-biológica de angico Anadenanthera colubrina (Vell.) Brenan. Var. cebil (Gris.) Alts e pereiro Aspidosperma pyrifolium Mart.)* Alts. Dissertação de Universidade Federal de Campina Grande, 2010.

SCHENKEL, E.; GOSMANN, G.; ATHAYDE, M. L. *et al.* Saponinas. In: SIMÕES, C. M.; SCHENKEL, E. P.; GOSMANN, G. *et al. Farmacognosia:* da plantas ao medicamento. 3. ed. Porto Alegre: UFGRS/ UFSC, 2001. cap. 27.

SCHOLEM, Gershom. *Mística Judaica.* São Paulo: Perspectiva, 1972.

SCHULTES, R. E. *Hallucinogenic plants.* Wisconsin: Goldenb [s. d.].

SEIXAS, Emídia Naiana C.; MENDONÇA, Ana Cleide A. Morais; SILVA, Marcos Aurélio S. Biologia reprodutiva e propriedades químico farmacológicas de *Byrsonima* Rich. ex Kunth (*Malpighiaceae*) no nordeste — Brasil. Programa de Pós-graduação em Bioprospecção — Universidade Regional do Cariri. *Caderno de Cultura e Ciência,* ano VI, v. 10 , n. 2, dez. 2011.

SILVA, Enaura Quixabeira Rosa. A utopia cristã. O sonho do beato Francisco de Alagoas. *Revista Incelências,* 1 (2), p. 54-72, 2010.

SILVA, Fábio de Oliveira; OLIVEIRA, Írvila Ricarte de; SILVA, Maria Goretti de Vasconcelos; BRAZ-FILHO, Raimundo. Constituintes químicos das folhas de *Senna spectabilis* (DC) Irwin & Barneby var. excelsa (Schrad.) Irwin & Barneby. *Quím. Nova,* v. 33 (9), São Paulo, 2010.

SILVA, K. L.; CECHINEL FILHO, V. Plantas do gênero Bauhinia: composição química e potencial farmacológico. *Química Nova,* v. 25, n.3, p. 449-454, 2002.

______ . Canudos e Caldeirão: missões abreviadas. *Anais do XXV Simpósio Nacional de História — ANPUH,* São Paulo, jul. 2011.

SILVA, Clarete Paranhos. As viagens filosóficas de João da Silva Feijó (1760-1824) Ceará. *História & Questões & Debates,* Curitiba(47), UFPR, p. 179-201, 2007.

SILVA, Cleomária Gonçalves. *Estudo etnobotânico e da atividade Antimicroibiana. In: vitro de plantas medicinais na comunidade do Sítio Nazaré, no município de Milagres Ceará.* Dissertação, Universidade Federal de Campina Grande, 2012.

SILVA, Elaine Caroline do Nascimento e; CAETANO, Aline de Paula; PEREIRA, Jorge José de Souza *et al.* Cascas de *Commiphora leptophloeos*: Dosagem Fenólica e Ação antimicrobiana contra *Staphylococcus aureus* e *Micrococcus luteus.* 5ª Reunião Anual da SBPC. s/d. *Revista Brasileira de Farmacognosia Brazilian Journal of Pharmacognosy,* 20(4): p. 549-562, ago./set. 2010.

SILVA, Lemuel Rodrigues. *O discurso religioso no processo migratório para o Caldeirão do beato José Lourenço*. Tese de doutorado — Universidade Federal do Rio Grande do Norte, 2009.

SILVA, M. D. *Estudo farmacobotânico de três espécies medicinais da caatinga de Pernambuco*. Dissertação — Departamento de Biologia Universidade Federal Rural de Pernambuco, Recife, 2008.

SILVA, S. R. *Ecologia da população e aspéctos Etnobotânicos de Dimorphandra gardneriana Tul. na Chapada do Araripe CE*. Tese de doutoramento. Departamento de Ecologia do Instituto de Ciências Biológicas da Universidade de Brasília, 2007.

SILVA, T. C. L.; ALMEIDA, C. C. B. R.; VERAS FILHO, J. *et al*. Atividades antioxidante e antimicrobiana de *Zizyphus joazeiro* Mart. (*Rhamnaceae*): avaliação comparativa entre cascas e folhas. *Ciência Farmacêutica Básica Aplicada*, 32 (2), p. 193-194, 2011.

SILVEIRA, E. R.; PESSOA, O. D. L. *Constituintes micromoleculares de plantas do nordeste com potencial farmacológico:* com dados de RMN 13C. Fortaleza: Expressão, 2005.

______. Estudo fitoquímico do cumaru (Aburana cearensis A.C. Smith.). Trabalho apresentado no *XX Simpósio de Plantas medicinais do Brasil* e *X Internacional Congresso of Ethnopharcacology*. São Paulo, 2008.

SIQUEIRA FILHO, José Alves de.; RAPINI, A.; COELHO, A. O. P. *et al*. *Flora das Caatingas do Rio São Francisco*. Rio de Janeiro: Andrea Jakobsson, 2013.

SOBREIRA, Azarias. O patriarca de Juazeiro. *Revista do Instituto do Ceará*, 1994.

SOUSA, Gabriel Soares de. *Notícia do Brasil*. Departamento de Assuntos Culturaisdo MEC, 1974 [1587].

SOUSA, Miriam Pinheiro de; MATOS, Maria Elisa Oliveira; MATOS, Francisco José Abreu. *et al*. *Constituintes químicos ativos de plantas medicinais brasileiras*. Fortaleza: Laboratório de Produtos Naturais, 1991.

SOUZA, R. K. *Levantamento florístico das espécies utilizadas na arborização de praças no Município de Crato C.*, Universidade Regional do Cariri — URCA, 1995.

SOUZA; R. S. O; ALBUQUERQUE, U. P.; MONTEIRO, J. M.; AMORIM, E. L. C. Jurema-preta (*Mimosa tenuiflora* [Willd.] Poir.): a review of its traditional use, phytochemistry and pharmacology. *Brazilian Archives of Biology and Technology*, v. 51, (5), p. 937-947, 2008.

TAVARES, Cícera Tenório; SANTLLANA, Andréa Lopes B. D. Estudo químico da madeira de *Aspidosperma pyrifolium* Mart. (pereiro). *XII Jornada de Ensino, Pesquisa e Extensão* — JEPEX — UFRPE: Recife, 9 a 13 de dezembro 2013.

TAVARES, S. R. de C. *et al.* Influência da polaridade do solvente na extração de lapachol bruto. BBR — *Biochemistry and Biotechnology Reports,* Edição Especial, v. 2, (2), p. 79-81, jun. 2013.

TEIXEIRA; L. A. G.; MACHADO, I. C. Sistema de polinização e reproducão de *Byrsonima sericea* D. C. (Malpighiaceae). *Acta Botanica Brasilica,* Recife, v. 14, n. 3, p. 347-357, 2000.

TRIGUEIRO, J. A.; BARBOSA FILHO, J. M.; CHERUYAN, U. O. Ciênc. Cult. 32:44-5, 1980. In: SOUSA, Miriam Pinheiro de. *Constituintes químicos ativos de plantas brasileiras.* Fortaleza: UFC/Laboratório de Produtos Naturais, 1991.

VALADARES, Sammya Nayara Silva. *Composição química, toxicidade e atividade biológica de Vatairea macrocarpa* (Benth.). Duc. Universidade Federal de Freira de Santana, 2017.

VASCONCELOS, S. M.; MACEDO, D. S.; MELO, C. T. *et al.* Central activy of Hydroalcoolica extract from *Erytrina velutina* and *E. mulungu* inmice. *J-Pharm-Pharmacol.,* 56 (3).

VASCONCELOS, Simão de. *Vida e obra do venerável José de Anchieta* [1672]. Rio de Janeiro: Imprensa Nacional, 1943.

VAZ, A. M. S. F. *Bauhinia in Lista de Espécies da Flora do Brasil.* Jardim Botânico do Rio de Janeiro, 2010.

VEPSÄLÄINEN, Jouko J.; AURIOLA, Seppo; TUKIAINEN, Mikko *et al.* Isolation And Characterizationof Yuremamine, new phytoindole. *Planta Med.,* 71, p. 1053-1057, 2005.

VIANA, Glauce S.de Barros. The genus *Erythrina* and the pharmacological activities of its most common spices in Brazil, *E. mulungu* and *E. velutina. XX Simpósio de plantas medicinais do Brasil. X International Congresso Ethnopharmacology,* São Paulo; 2008.

VIEGAS JUNIOR, Cláudio; REZENDE, I. Armanda de; SILVA, Dulce Helena Siqueira *et al.* Aspectos químicos, biológicos e etnofarmacológicos do gênero *Cassia. Quím. Nova,* v. 29 (9), São Paulo, nov./dec. 2006.

VIEIRA, Letpicia de Melo; dias, Alline Laiane Borges; CASTRO, Carlos Frederico de Souza. Avaliação da Atividade Alelopática e Ensaio Toxicológico de Extrato de *Myracrodruon urundeuva* All. Anacardiaceae. *Anais do IX Seminário de Iniciação Científica, VI Jornada de Pesquisa e Pós-Graduação e Semana Nacional de Ciência e Tecnologia Universidade Estadual de Goiás,* 19 a 21 de outubro de 2011.

VILAS BOAS, Mariana Pinheiro. *Patrimônio paleontológico e proposta de conservação.* Escola de Ciências — Universidade do Minho. Portugal. Dissertação de mestra, out. 2012.

______. *Originais dos séculos XVIII e XIX.*

SOUSA, Gabriel Soares de. *Notícia do Brasil*: departamento de Assuntos Culturais do MEC, 1974 [1587].

Revistas

Revista do Instituto do Ceará, Padre Cícero e Lampião, 1994.

Revista Nures ano VII (19) set./dez. 2011.

Cariri Revista, Edição 7 s/d.

A voz da Religião no Cariri (21), 9.5.1869.

Região — Crato, ano 1 (2), 20.2.1972.

Jornais

A Província de São Paulo — 14 de dezembro de 1878.

A Província de São Paulo de 26 de outubro de 1878.

Jornal da Umbanda — São Paulo, 2014.

Diário do Nordeste, 2.1.2010.

ÍNDICE SISTEMÁTICO

A

A. cearensis, 110, 111, 112

A. pyrifolium, 106, 107

Acerola (*Malpighia emarginata* DC.), 39

alantoína, 118

alcaloides, 47, 101, 102, 106, 107, 120, 121

Alfavaca (*Ocimum tenuiflorum* L.), 39

Algodão (*Gossypium hirsutum* L.), 39

Amburana cearensis, 15, 40, 110, 126, 136, 139

amburosídio, 112

Ameixa (*Ximenia americana* L.), 39

amido, 93

Anacardiaceae, 25, 45, 91, 114, 150

Anadenanthera colubrina, 36, 39, 98, 99, 145

Anador (*Justicia pectoralis* Jacq.), 39

analgesia, 103

Ancyslotoma., 103

Angico (*Anadenanthera colubrina* (Vell) Brenan), 39

Angico, 98

Anselmo, 67, 126

antiedematogênica, 96

antifibrinogenolíticas, 104

anti-iflamatórias, 98

anti-infecciosas, 18

anti-inflamatória, 103, 104, 112, 115, 127

anti-inflamatória, 96, 97, 98, 102

anti-inflamatória, 117

anti-inflamatória, 121

anti-inflamatória, 141

anti-inflamatória, 141

anti-inflamatórias, 18

anti-inflamatório, 99, 101, 114, 119, 143

Antilophia bokermanni, 34

antimicrobiano, 136

Antimicrobiano, 102, 123

antinociceptiva, 96, 98, 101, 127

Antinociceptivo, 119

antioxidante, 93, 96, 97, 98, 104, 112, 114, 115, 127, 130, 132, 136, 140, 143, 147

antipiréticas, 18

antissépticas, 18

antitumoral, 104, 117

Antocianinas, 48

Aroeira (*Myracrodruon urundeuva* Fr. All.), 39

Arruda (*Ruta graveolens* L), 39

Aspidosperma pyrifolium, 14, 41, 105, 107, 145, 149

Aspidosperma pyrifolium Mart., 105

Auxemma oncocalyx, 15, 117, 131

Azarias Sobreira, 67

B

B sartorum, 96

Bacia Sedimentar do Araripe, 33, 34, 35

bacteriostática, 108

Bálsamo de ferrabrás,, 28

Barbalha, 24, 36, 52, 62, 65

Barriguda, 14, 99

barriguda, 99

Bauhinia forficata, 14, 103, 137, 139

Beato da Cruz, 13, 56, 57

Beato Manoel Antônio da Taba Furada, 57

Beato Ricardo, 13, 57, 59, 61

beato Vicente, 57, 71

beatos, 49, 54, 55, 56, 58, 59, 71, 72, 80

Beatos, 13, 52, 54, 55, 56, 61, 71, 139, 140

Beatos e cangaceiros, 55

benzedeira, 85

Bignoniaceae, 108

Borraginaceae, 117

Braga, 33, 38, 39, 40, 41, 42, 67, 93, 94, 95, 97, 102, 108, 114, 116, 128

bronquite, 113, 123

Bursera leptophloeos, 109

Burseraceae, 109

Byrsonimagardnerana A. Juss, 15, 116

caatinga, 2, 13, 17, 18, 22, 25, 30, 34, 44, 45, 49, 75, 77, 79, 83, 85, 86, 92, 97, 111, 115, 119, 125, 128, 130, 131, 135, 139, 140, 142, 146

C

Caatinga, 1, 30, 42, 43, 44, 46, 47, 48, 78, 84, 85, 86, 88, 105, 113, 115, 116, 118, 123, 125, 133, 135, 138, 139, 140

caatingas, 2, 18, 79, 97, 98, 99, 100, 109, 110, 142

Caatingas, 13, 17, 46, 126, 148

Cactaceae, 87

caducifólia, 115

Caesalpinaceae, 86

Caesalpinia ferrea Mart., 101, 131

Caesalpinia pyramidalis, 14, 87, 97, 143

cajá, 91

cajazeiras, 93

Caju (*Anacardium ocidentale* L.), 39

Caldas, 52, 64

Caldeirão dos Jesuítas, 31, 74, 75, 76, 77

Calmante, 110

caminhar penitencial, 83

Canafístola, 119

cangaceiros, 13, 54, 55, 59, 75

canhão, 59, 70, 71

Capim-santo (*Cymbopogon citratus* (DC.) Stapf), 39

Capitania do Ceará, 20, 32, 33

cariri, 86

Cariri, 24, 34, 35, 36, 52, 54, 55, 62, 63, 66, 69, 82, 107, 108, 129, 130, 139, 145, 146, 148, 150

Carlos Magno, 26, 27, 28

Carotenoides, 48

Carta Régia, 33

Casa de caridade, 52

Cassia excelsa, 120

catingueira, 87, 97

Catingueira (*Poincianella pyramidalis* (Tul.) L. P. Queiroz), 39

Catingueira, 97

Ceará, 20, 21, 30, 33, 38, 54, 62, 67, 69, 113, 115, 118, 126, 127, 137, 150

Ceará, 21, 30, 33, 128, 136, 143, 147

Ceiba glaziovii, 99, 136

Celso Mariz, 50

Chanana (*Turnera ulmifolia* L.), 40

Chapada do Araripe, 34, 37, 147

Cidreira (*Melissa officinalis* L.), 40

Círculo da mãe de Deus, 70

coerama, 28

Colônia (*Alpinia zerumbet* (Pers.), 40

Commiphora leptophloeos (Mart.) J. B. Gillett, 109

Continente Gondwana, 33

Crassuaceae, 28

Crato, 22, 23, 24, 25, 33, 52, 55, 62, 63, 71, 74, 76, 77, 85, 134, 145, 148, 150

crença, 14, 18, 29, 46, 59, 62, 65, 80

Crista-de-galo (*Celosia brasiliensis* Moq.), 40

cumarina, 107, 110, 112

cumarinas, 102, 112

Cumaru, 15, 110, 130

curarizante, 101

Cycadaceae, 34

Cycas, 34

D

Decurião, 63

Della Cava, 69, 70, 133

desmatamentos, 85

diarreia, 123

Dias da Rocha, 19

Dimorphandra, 15, 113, 114, 132, 143, 147

Dimorphandra gardneriana, 15, 113, 132, 143

dinossauros, 17

dinossauros XE "dinossauros", *17*

dinossauros, 17

dinossauros, 36

E

ectoparasitoses, 118

enxaguatórios, 108, 129

Erythrina velutina, 14, 100

Escherichia coli, 102, 103

estiagem, 86, 87

Etnofarmacobotânica, 1, 17, 37, 43, 129

Euphorbiaceae, 87

F

Fabaceae, 25, 87, 97, 98, 100, 101, 103, 110, 113, 118, 119, 121, 128, 142

Faveira, 113

Favela (*Cnidoscolus phyllacanthus* (Mull. Arg.) Pax e L. Hoffm.), 40

feridas, 118

Fernando Setembrino de Carvalho, 70
flavonoides, 47, 48, 104, 105, 112
flavonoides, 102

Flavonoides, 102, 112, 135

flavonoides, 95, 100, 104, 110, 114

FLONA, 34

Floresta Nacional, 34, 113, 127

Floro Bartolomeu, 70
folha-da-costa, 28

Fortaleza, 38

Fósseis, 34, 139

Francisco Antônio de Sampaio, 31

Franco Rabelo, 58, 70

Freire Allemão, 21, 22, 23, 24, 25, 62, 126
garrafada, 29, 129
gastroprotetora, 97, 114

G

Geopark Araripe, 1, 4, 12, 17, 22, 25, 30, 33, 34, 35, 37, 38, 43, 46, 49, 52, 73, 84, 87

Geossitio, 35

Geossítio Colina do Horto, 36

Geossítio Ipubi, 36

Geossítio Pontal da Santa Cruz, 37

Geossítio Ponte da Pedra, 36

Geossítio Riacho do meio, 36

Goiabeira (*Psidium guajava* L.), 40

Guilherme Piso, 31

H

Homem-Natureza-Crença, 17

Hortelã (*Mentha pulegium* L.), 40

Hymenaea courbaril, 15, 121, 134, 141

I

Ibiapina, 49, 50, 51, 52, 53, 61, 62, 64, 65, 66, 71, 81, 127, 138, 139, 143

Idade Média, 26, 27, 135, 136

Imburana (*Amburana cearensis* (Fr.All.) A.C. Sm.), 40

Imburana, 109

Insulina (*Cissus sicyoides* L.), 40

J

Jatobá, 15, 121, 134

jesuítas, 29, 51, 78, 81, 145

Jesus, 25, 57, 58, 60, 63, 66, 68, 137
joa umbu, 92

Joramataia (*Avicennia africana* P. Beauv.), 40

José Leite Maranhão, 68

José Monteiro de Carvalho, 31

Juá (*Ziziphus joazeiro* Mart.), 40

Juazeiro, 12, 14, 28, 36, 37, 38, 49, 55, 56, 57, 58, 59, 60, 63, 67, 69, 70, 71, 72, 73, 74, 75, 76, 77, 80, 82, 84, 85, 94, 127, 128, 129, 130, 133, 139, 143, 148

Juazeiro do Norte, 12, 28, 36, 37, 38, 49, 55, 56, 70, 73, 82, 127, 128, 129, 139

Juazeiro, 37, 38, 55, 57, 59, 60, 69, 70, 71, 72, 73, 74, 75, 76, 77, 80, 84

Jucá (*Caesalpinia ferrea* var. cearenses) Huber, 40

Jurema, 88

Jurema-branca, 15, 40, 118

Jurema-branca (*Mimosa ophtalmocentra* Mart. ex Benth.), 40

Jurema-preta (*Mimosa tenuiflora* Benth.), 41
juremas, 22, 87

K

Kalanchoe, 28

Klebsiella pneumoniae, 119

L

Langgaard, 124

Laranjeira (*Citrus sinensis* (L.) Osbeck), 41

Lavras, 23, 61

Leandro Gomes de Barros, 26, 27, 28

M

M. tenuiflora, 90

M. urundeuva, 115

Magalhães, 67, 68, 138

Malpighiaceae, 116

Marechal Hermes da Fonseca, 70

Maria de Araújo, 26, 66

Mariz, 51, 52, 53, 61, 65, 138

Marques de Pombal, 29, 51, 81

Martins de Athayde, 68

Martius, 18, 21, 135

metabolismo secundário, 47

Mimosa tenuiflora, 14, 15, 16, 41, 88, 89, 90, 119, 148

Mimosaceae, 87

Missão Velha, 24, 35, 52, 66

Mororó, 14, 41, 103

mucilagem, 93

Mulungu, 14, 100

Murici, 116

O

óleos essenciais, 48

P

Padre Cícero, 1, 13, 25, 26, 28, 30, 31, 37, 38, 49, 55, 56, 58, 63, 66, 67, 68, 69, 70, 71, 72, 73, 74, 75, 76, 77, 80, 83, 85, 126, 128, 138, 139, 150

Padre Ibiapina, 13, 31, 49, 50, 52, 64, 81, 140

Pau-branco, 117

Pau-d'arco, 107

Pau-ferro, 101

pedra cariri, 35

Pedro Napoleão Chernoviz, 31

penitência, 50, 61, 63, 72, 74, 80, 81, 143

penitentes, 24, 50, 62, 63, 74, 77, 80

Penitentes, 13, 59, 61, 62

Peregrinação, 83

Pereiro, 14, 41

Philipp von Luetzelburg, 18, 38, 71, 78

Piptadenia stipulaceae, 15, 118

Pithecellobium, 87

plantas medicinais, 150

plantas balsâmicas, 27

plantas medicinais, 12, 13, 18, 19, 29, 30, 37, 38, 42, 43, 45, 46, 48, 83, 109, 128, 129, 131, 143, 147

princípios ativos, 46, 47, 48, 144

Pseudomonas aeruginos, 123

pterossauro, 34

pterossauros, 17, 33, 35, 36, 139

Q

Quixabeira, 95

R

regalismo, 51, 81

Revolta de 1914, 69, 70, 71

romeiro, 14, 30, 37, 58, 60, 82, 83, 84

S

S. aureus, 111, 112, 123

sacral, 83

sagrado, 13, 26, 27, 31, 49, 50, 56, 82, 83, 129

Salmonella, 111, 112, 139

Salmonella spp, 111, 112

saponinas, 47, 94, 95, 102, 112, 119

seca, 22, 44, 45, 47, 53, 75, 77, 99, 106, 109

Sedição de Juazeiro, 70, 73

Senna spectabilis, 15, 119, 120, 121, 134, 146

sentir-se curado, 84

sertanejos, 50, 54, 62, 67, 72, 88

sertão, 2, 13, 14, 22, 31, 32, 50, 55, 61, 68, 72, 74, 79, 80, 81, 83, 86, 111, 114, 117, 118, 128, 132, 133, 141, 142

sesquiterpenos, 118

Shigella flexneri, 111, 112

Sideroxylon obtusifolium, 14, 95, 130

soldadinho do Araripe, 34

Spondia tuberosa, 45

Spondias tuberosa, 14, 15, 16, 25, 91, 92, 128, 145

Staphilococus mutans, 95

Streptococus mutans, 98

T

Tabebuia impetiginosa, 14, 107, 108, 109

tanino, 93, 96, 97, 98

taninos, 47, 100, 102, 103, 104, 112, 115, 119, 130

teriagas, 29

túberas, 91, 93

U

úlceras, 118, 143

umbu, 91, 94, 145

umbuzeiro, 25, 45, 91, 128

Umbuzeiro, 14, 91

unha-de-boi, 103

V

vegetação nativa, 44, 86

X

Xavier de Oliveira, 55, 57

Z

Zizyphus joazeiro, 14, 25, 94, 147

Confira outros títulos em nosso *site*:
www.iconeeditora.com.br

AS PLANTAS MEDICINAIS E O SAGRADO: A ETNOFARMACOBOTÂNICA EM UMA REVISÃO HISTORIOGRÁFICA DA MEDICINA POPULAR NO BRASIL

Autora: Maria Thereza Lemos de Arruda Camargo

Número de páginas: 280

FITOTERAPIA CHINESA E PLANTAS BRASILEIRAS – 4ª EDIÇÃO

Autor: Dr. Alexandros Spyros Botsaris

Número de páginas: 552

PLANTAS MEDICINAIS: DO PLANTIO À COLHEITA

Autor: Carlos Alves Soares

Número de páginas: 312

PRINCÍPIOS DE RESISTÊNCIA DAS PLANTAS A INSETOS – 2ª EDIÇÃO

Autor: Fernando M. Lara

Número de páginas: 388

MANUAL DE FITOTERAPIA CHINESA E PLANTAS BRASILEIRAS

Autora: Mary Lannes Salles Leite

Número de páginas: 368

Ilustrações do Livro

Foto 1. Quadro no "Museo do Alcazar de Colón" na República Dominicana

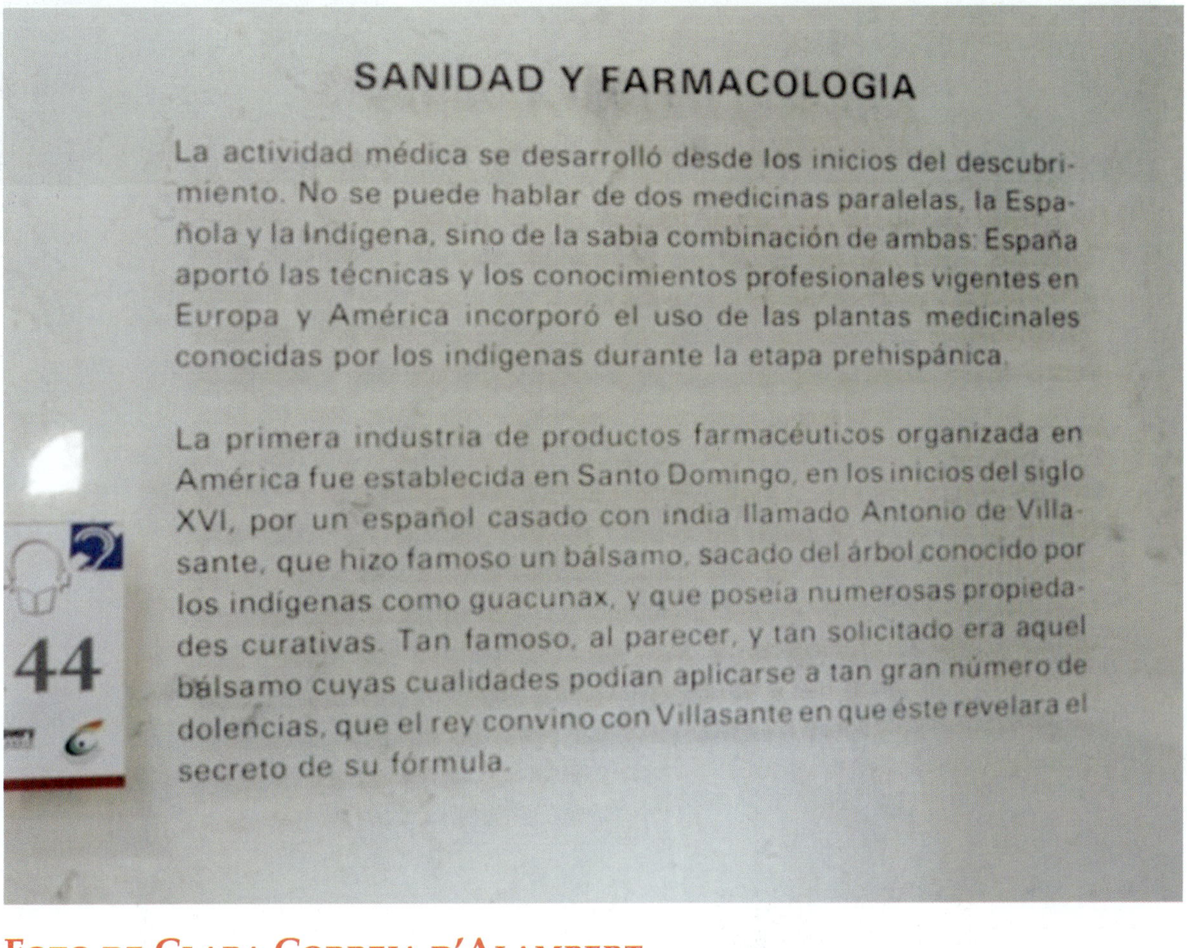

Foto de Clara Correia d'Alambert.

Foto 2. Colina do Horto em Juazeiro do Norte (CE)

Foto de Mário de A. Camargo.

Foto 3. Estátua de Padre Cícero na Colina do Horto

Foto 4. Comércio de Produtos Religiosos na Colina do Horto

Fotos de Mário de A. Camargo.

Foto 5. Banca de Plantas Medicinais na Cidade de Barbalha onde o Sertanejo da Caatinga de seu entorno vai buscar as cascas, raízes, sementes e medicinais, quando não as encontra nas imediações de sua casa. Partes das plantas disponíveis tanto na estiagem como no período de chuva

Foto 6. Túberas ou Batatas do Umbuzeiro

Foto de Mário de Arruda Camargo.

Foto 7. Aves Polinizando a Jurema (*Mimosa tenuiflora*)

Foto de Aristide de A. Camargo Neto.

Foto 8. Penitentes de Barbalha

Foto de Aristides de A. Camargo Neto.

Foto 9. Estátua de Padre Cícero em Praça na Cidade de Aurora (CE)

Foto de Mário de Arruda Camargo.

Foto 10. Romeiros chegando em Pau-de-Arara ao Horto do Padre Cícero em Juazeiro do Norte em 2011

Foto de Mário de Arruda Camargo.

Foto 11. Missa no Caldeirão dos Jesuítas em 20 de setembro de 2011

Foto de Aristides de A. Camargo Neto.

Foto 12. A autora sobre as Ruínas da Casa do Beato José Lourenço

Foto de Mário de A. Camargo.

Foto 13. Visão da Caatinga onde Cavalos de Vaqueiros Descansam Durante a Missa

Foto de Aristides de A. Camargo Neto.

Foto 14. Ex-votos à venda na Colina do Horto em 2011

Foto de Aristides de A. Camargo Neto.

Foto 15. Equipe em Mercado de Juazeiro do Norte

Foto de Mário de A. Camargo.

FOTO 16. PADRE CÍCERO EM Rótulo de REMÉDIO

FOTO DE ARISTIDES DE A. CAMARGO NETO.

Foto 17. Sertanejo Construindo sua Casa de Pau-a-Pique no Município de Nova Olinda

Foto de Aristides de A. Camargo Neto.

Foto 18. Autora e Mário de Arruda Camargo em frente de uma Casa de Pau-a-Pique, onde Reside, em Plena Caatinga, a Benzedeira Mencionada

Foto de Aristides de A. Camargo Neto.

Foto 19. Exsicata Conservada no Herbário do Departamento de Botânica da Universidade de São Paulo

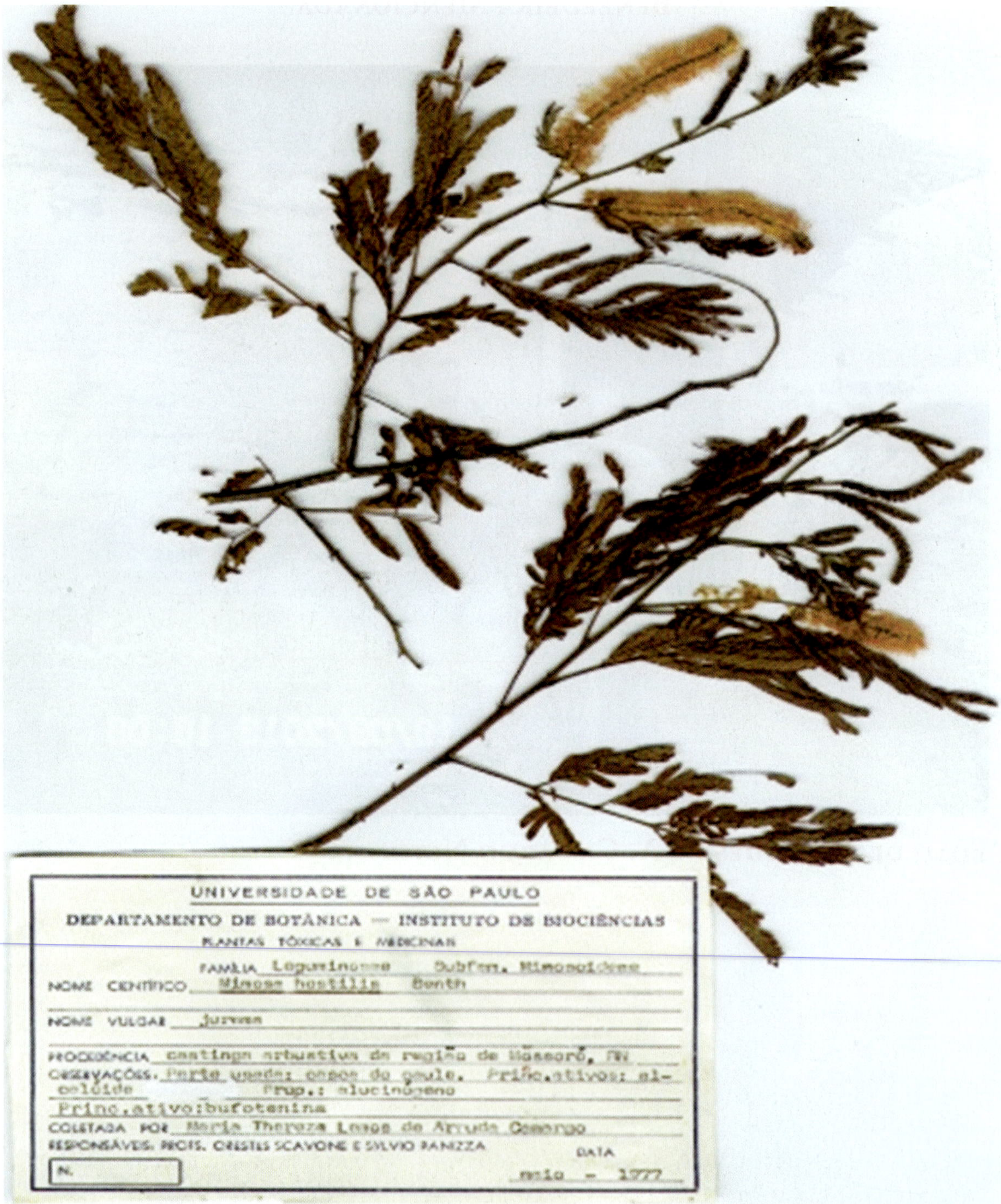

Primeira planta coletada pela autora no Nordeste, identificada na Universidade Federal de Mossoró-RN pelo Prof. Dr. Dárdamo A. Lima, em 1975.